—— 心理自疗课 ——

The Emotionally Intelligent Teen
Skills to Help You Deal with What You Feel, Build Stronger Relationships
& Boost Self-Confidence

青少年情商手册

帮助成为情绪管理高手的 7 种技能

著　［美］梅拉妮·麦克纳利

译　陈珏　高睿　韩慧　刘如昀

上海科学技术出版社

图书在版编目（CIP）数据

青少年情商手册：帮助成为情绪管理高手的7种技能 / （美）梅拉妮·麦克纳利（Melanie McNally）著；陈珏等译. -- 上海：上海科学技术出版社，2025.6.
ISBN 978-7-5478-7117-1

Ⅰ. B842.6-49

中国国家版本馆CIP数据核字第2025MR7266号

THE EMOTIONALLY INTELLIGENT TEEN: SKILLS TO HELP YOU DEAL WITH WHAT YOU FEEL, BUILD STRONGER RELATIONSHIPS, AND BOOST SELF-CONFIDENCE by MELANIE MCNALLY, PSYD
Copyright: © 2023 BY MELANIE MCNALLY
This edition arranged with NEW HARBINGER PUBLICATIONS
through BIG APPLE AGENCY, LABUAN, MALAYSIA.
Simplified Chinese edition copyright:
2025 Shanghai Scientific and Technical Publishers
All rights reserved.

上海市版权局著作权合同登记号　图字：09-2024-0122号

青少年情商手册：帮助成为情绪管理高手的7种技能
著　［美］梅拉妮·麦克纳利
译　陈　珏　高　睿　韩　慧　刘如昀

上海世纪出版(集团)有限公司
上海科学技术出版社 出版、发行
（上海市闵行区号景路159弄A座9F-10F）
邮政编码201101　www.sstp.cn
上海普顺印刷包装有限公司印刷
开本 787×1092　1/16　印张 10
字数 140千字
2025年6月第1版　2025年6月第1次印刷
ISBN 978-7-5478-7117-1 / R·3246
定价：58.00元

本书如有缺页、错装或坏损等严重质量问题，请向印刷厂联系调换

推荐语

提升青少年社会情感能力是帮助青少年走出成长困境和危机的关键部分。这本写给青少年的情商手册，内容明晰、步骤清晰、方法透晰，贴近学生去"爹味"，入耳润心祛说教，不仅适合有志于此的青少年学生学习自修，尤其适合学校心理健康老师组合应用于心理课堂、辅导训练及个案辅导。推荐！

李正云
上海学生心理健康教育发展中心教授，中国教育学会学校教育心理学分会副理事长

本书是一本实用的心理成长指南，通过生动案例和实用练习，帮助青少年学会管理情绪、建立自信和改善人际关系。无论是家长、教师，还是青少年自己，都能从中获益！

高雪屏
国家精神疾病医学中心（中南大学湘雅二医院）儿童精神病学专科主任
中国心理卫生协会儿童心理卫生专业委员会副主任委员

作为一名儿童青少年精神科医师，我深知情绪管理对青少年成长的重要性。本书用温暖的方式，为你们提供了实用的工具和练习，帮助你们更好地管理情绪、应对压力，找到属于自己的力量。期待这本书成为你们成长路上的好伙伴！

柯晓燕
南京脑科医院儿童心理卫生研究中心所长
世界卫生组织儿童心理卫生科研与培训合作中心主任

带你探索情商世界，培养和运用情商技巧——本书是送给青少年、家长、教育工作者的珍贵礼物，同样适合成年人！

卢建平
深圳市康宁医院儿少精神科主任
中国心理卫生协会儿童青少年专业委员会副主任委员

孩子对世界的理解是通过与他人的互动而获得的，孩子的发展是与其所处的环境相互交流、相互影响的过程，读《青少年情商手册》，接种"心理疫苗"，帮助青少年在纷繁复杂的社会环境中健康成长。

孟　馥
中国心理卫生协会婚姻家庭心理健康促进专业委员会主任委员

青少年期是情绪"疾风暴雨"的一个阶段。当今处于各种压力冲击下的他们，尤其需要系统性地提升情绪管理能力，增强心理韧性。本书恰逢其时，好似一位循循善诱的老师在身边手把手家教指导。孩子（甚至包括家长）认真学完并付诸实践后，真的可能成为情绪管理的"高手"。

谢　斌
中华预防医学会精神卫生分会主任委员

青少年要顺利地走入复杂的成人世界，情绪成熟必不可少。本书将情商拆分为情绪觉察、自我调节和人际交往技能三个部分。用案例和操作步骤一步步帮助青少年理解和应对变化多端的情绪，也适用于帮助青少年的专业工作者们，是一本非常实用的工具书。

姚玉红
同济大学心理健康教育与咨询中心教授

世界上最浪漫的关系，是一个人跟他自己的关系：双方互为艺术家和艺术品，终身不离不弃。这本手册，是如何从事相关艺术创作的说明书。

曾奇峰
中国心理卫生协会精神分析专业委员会顾问，精神科医生

内容提要

情商由情绪觉察、自我调节、人际交往技能三部分组成，是一种能够识别自我和他人情绪并使用情绪信息来指导思维和行为的能力，其高低对个人职业发展、人际关系、健康及幸福感等有重要影响。

本书基于认知行为治疗和接纳承诺治疗，介绍情绪、想法和行为之间的联系，提供被证明有效的基础技能（如增加动力、练习自我情绪觉察、确定感受、控制情绪、降低压力水平、设定现实的目标），帮助青少年培养自身情商，有效管理情绪，与周围环境建立良好、稳固的人际关系，并提升自信。同时，书中配有丰富的生活案例，并设计了一系列日常活动练习，来帮助青少年培养有益于大脑和精神健康的习惯——"心理疫苗"。

本书实践性强，语言通俗易懂且充满共情力，不仅非常适合青少年及刚成年的年轻人阅读，也能为家长、教师、心理咨询师、心理治疗师及相关青少年心理健康服务从业者提供参考。

译者

陈珏　高睿　韩慧　刘如昀

翻译团队
上海市精神卫生中心（SMHC）进食障碍诊治中心

  SMHC 进食障碍诊治中心（以下简称"中心"）成立于 2017 年 9 月 1 日，是国内首个进食障碍诊治中心，是上海市精神卫生中心的特色亚专科，陈珏博士担任中心的负责人。中心已与美国斯坦福大学医学院精神病学与行为科学系进食障碍项目组、美国加州大学圣迭戈分校（UCSD）进食障碍治疗与研究项目组、美国麻省总医院精神科进食障碍临床与研究项目组，以及英国、德国、澳大利亚等国的世界著名学术机构开展了教学培训、临床与研究合作，使得中心对进食障碍的诊治与研究水平和国际接轨。

作者

梅拉妮·麦克纳利（Melanie McNally）：心理学博士，临床心理学家、大脑教练，致力于帮助青少年和年轻人成为自己人生故事中的超级英雄。她坚定地倡导并重视青少年心理健康问题，曾作为美国白宫小组成员，就青少年的心理健康需求发表讲话。她还创建了"目的地的你"（Destination You）这一交流平台，为青少年及其父母提供线上辅导、远程治疗、线上团体、自助项目及其他资源支持。

译者前言

当今社会，随着经济社会快速发展，青少年成长环境不断变化，叠加新型冠状病毒感染影响，青少年心理问题越发凸显。2019年11月联合国儿童基金会和世界卫生组织（WHO）联合发布数据显示，在全球12亿10～19岁儿童青少年群体中，约20%存在心理健康问题。中国《2022年青少年心理健康状况调查报告》指出，14.8%的中国青少年可能存在不同程度的抑郁症状。高速发展的社会经济与传统文化价值观的碰撞，独生子女家庭结构的代际沟通鸿沟，数字化社交对现实人际关系的冲击等，共同构成了我国当代青少年新的成长挑战。面对这一严峻现实，2023年教育部等十七个部门联合印发《全面加强和改进新时代学生心理健康工作专项行动计划（2023—2025年）》，提出坚持健康第一的教育理念，切实把学生心理健康工作摆在更加突出位置。

提升青少年的心理健康素养，帮助他们健康成长，与提高青少年的情商（emotional intelligence）密不可分。情商是一种能够识别自我和他人情绪并使用情绪信息来指导思维和行为的能力。情商由三个部分组成——情绪觉察、自我调节和人际交往技能。情绪觉察是指理解情绪（我们自己和他人情绪）的能力；自我调节是一种管理自己情绪和行为的能力；人际交往技能是你与他人互动和交流的健康、有效的方式。情商的高低对个人的人际关系、职业发展、心身健康及幸福感等方面均具有重要影响。对于青少年，情商是应对生活挑战、建立健康人际关系及促进个人成长的核心素养，它不仅是心理韧性的基础，更是青少年在快节奏社会中维持心理健康的关键能力。

然而，许多青少年缺乏系统的情商培养，导致在学校易出现人际冲突、自我否定、情绪问题、行为失控等状况，严重损害心理健康。因此，我们翻译出版《青少年情商手册：帮助成为情绪管理高手的 7 种技能》一书，希望它能为家庭、学校和社会提供一套系统化的情商培养工具，成为广大青少年提升情商的实用工具书，帮助青少年提高心理健康素养，为他们的心理健康成长之路点亮一盏温暖的引航灯。

本书融合认知行为疗法（CBT）和接纳承诺疗法（ACT）的科学理论，通过介绍情绪、思维和行为之间的联系，提供被证明有效的基础技能来帮助青少年培养情商，即以健康的方式识别和表达情绪，学会如何在紧张或焦虑的情况下保持冷静，并运用技巧来处理与朋友、家人、老师或生活中任何人的冲突。作者通过通俗易懂的语言和贴近生活的案例，提供大量可运用于日常生活的活动和练习，帮助青少年深入理解自我，管理情绪，改善人际关系，养成有益于大脑和精神健康的习惯——"心理疫苗"，提升心理韧性，从而更从容地应对成长路上的各种挑战。

本书分为多个模块，循序渐进地引导读者深入情绪管理的不同层面。前 7 章着重于基础技能的培养，从自我觉察和对情绪、想法、行为的自我觉察，到自我调节，以及对他人的觉察、理解身体感觉等核心能力培养，逐步帮助读者在情绪管理方面取得进展。在最后一章，探讨如何应对感受和想法的不确定性和情绪失控，包括自我同情、找心理治疗师或教练等。这些章节通过具体练习、日记和反思，鼓励读者深度参与，真正将理论应用到日常生活中。此外，书中还提供了互动性的工具包，帮助读者将技能真正运用到生活中。例如，日记练习、"检查一下"等，帮助青少年在实际情境中进行反思和练习。书中的指导不仅鼓励读者带着笔和书深入学习，还鼓励他们邀请朋友一起分享和讨论，这种互动性增加了学习的深度和乐趣。我们期待读者能在阅读中通过这些练习和反思，逐步掌握情绪管理技巧，从而在情绪和心理的健康成长道路上取得长足的进步。

本书作者梅拉妮·麦克纳利是一名临床心理学家、作家和演说家，在青少年心理健康领域具有重要影响力，她曾被邀请参与美国白宫青少年心理健康专题小组，讨论如何应对当前青少年面临的心理健康挑战。本书是根据她多年的学术和临床经验所著。

本次中文版的翻译团队成员均为国家精神疾病医学中心（上海市精神卫生中心）具有丰富的青少年心理治疗经验的专业人员，近年来已经共同翻译出版了多本心理治疗专业和科普书籍。在本书翻译过程中，我们不仅力求精准传递原书精髓，还结合中国青少年的文化语境与常见挑战，对案例表述和练习设计进行了本土化调整，确保内容既专业又接地气。

本书适合儿童青少年自主阅读，亦可供家长、教师、心理咨询师、心理治疗师、社会工作者等作为指导手册使用。对青少年来说，本书不仅是一部情绪管理指南，更是一部助力他们迈向情绪成熟、心智坚韧的实用手册。家长可通过阅读此书更好地理解如何帮助孩子；教育工作者可将活动灵活融入课程；学校心理健康老师可组合应用于心理课堂、辅导训练及个案辅导；心理健康从业者则能借助科学的工具包提升干预效果。愿每一位青少年都能成为情绪管理高手，建立稳固关系，激发自信力量，拥有属于自己的精彩人生！

最后，感谢上海科学技术出版社的全程支持，感谢翻译团队的高睿、韩慧和刘如昀，她们和我一起以极大的热情和严谨的专业态度投入本书的翻译，为本书的出版付出了许多宝贵的休息时间。

虽然我们竭尽全力进行翻译，但错漏之处仍在所难免，恳请读者指正。若读者在阅读过程中有任何疑问和建议，欢迎联系我们。

陈　珏
国家精神疾病医学中心（上海市精神卫生中心）
临床心理科主任、心身障碍临床诊疗中心负责人
中国社会心理学会婚姻与家庭心理学专业委员会副主任委员
中国心理卫生协会婚姻家庭心理健康促进专业委员会副主任委员

2025 年 3 月 15 日于上海

献给肖恩
我珍视与你共度的生活时光。

致谢

感谢珍耶·加里巴尔迪（Jenye Garibaldi），从概念构想到撰稿成文，再到细节调整，每一步对我的支持；感谢凯莱布·贝克威思（Caleb Beckwith）出色的编辑审阅和注释；感谢考利·布朗（Callie Brown），提供了周到的编辑支持；感谢卡伦·沙德（Karen Schader），让文字校对变得轻松简单；感谢埃米·约马丁（Amy Jo Martin），在我不相信自己的时候总是相信我；感谢我的团队，每天都激励着我去思考、去畅想；最后，感谢我的青少年来访者，他们不断挑战我，让我学习和成长，从而学会如何更好地去实现帮助。

目录

	引言	1
基础技能 1	自我觉察	15
基础技能 2	对情绪的自我觉察	31
基础技能 3	对想法的自我觉察	47
基础技能 4	对行为的自我觉察	63
基础技能 5	自我调节	81
基础技能 6	对他人的觉察	97
基础技能 7	理解身体感觉	113
	蜕变与成长	125
	情绪轮盘	136
	参考文献	137

引 言

欢迎你！很高兴你来到这里。决定在自我提升上努力并不容易，而你正在阅读本书，这说明了很多关于你的情况。我猜想你是一个坚强的人，对个人成长很感兴趣。我敢打赌你不认为自己是勇敢的，但别人却这么认为。你是一个不会逃避挑战的人，想要有所改变，但又不太清楚该怎么做。我还猜想你可能像大多数青少年一样，感到被误解，并且在人际关系方面有困难。也许，像很多人一样，你容易心烦意乱、情绪失控。和大多数人一样，你不想轻易发火，与家人或朋友吵架，或者经常担心，但实际上不知道该如何管理自己的情绪。

我的朋友，你做了一个明智的选择。你想学会如何感觉更好，想改善人际关系，想做出不同的选择，想提升并喜欢自己，而且你已经选择采取行动了。这很了不起！事实上，你拿起本书并且现在正在阅读它，这说明你有能力创造想要的改变，也表明你有动力和愿望来激励你去付出努力。你正在阅读本书是有原因的，而我们将一起学会如何识别情绪，以便更好地管理它们，这将使你获得更好的人际关系，做出更好的选择。在本书中，我们将完成很多任务，你会从中更好地了解自己和他人，并且拥有许多情绪管理工具。

在开始之前，让我们先搞清楚一件事，即本书只有在你愿意付出努力的情况下才会有帮助。我会提供信息、案例和课程，而你需要花时间去吸收和思考这些内容；我会提供练习、笔记提示、反思问题及工具，而你需要自己去运用它们。如果你只是被动地阅读本书，它对你的帮助不会太大。你需要积极地与之互动，不仅需要阅读文字，还需要思考每个部分如何适用于你自己的生活，需要花时间写笔记，并真正做练习，以便练习所学到的内容。

这有点像在学校里，当你使用更积极的学习方式时，你会在考试中表现得更好；比如，参加学习小组，观看有关内容的视频，与同龄人讨论教材，或者通过绘制图表或地图来更好地理解联系和时间线。你知道有时候你会跳过这些活动，只是反复阅读课本和笔记，机械地翻看卡片，然后纳闷成绩为什么没有像往常一样好？这是因为重复阅读是一种被动的学习形式，当我们以上述学习小组、视频、谈话、绘画等更积极的方式学习时，大脑会表现得更好。如果你想从本书获得最大的收获,那就以积极主动的方式参与其中,而不是消极地被动接受。

积极地阅读,意味着停下来反思句子或段落,这样你就可以思考如何将其应用到自己的生活中去。这意味着你需要划出或标注那些对你来说重要的内容(前提是你拥有这本书,如果是借来的,请不要这样做!);这也意味着阅读时要有自己的个人笔记本,以便做笔记、回答反思问题和回应笔记提示。每章都将包含练习和工具,所以请确保你尝试了每一个练习和工具!如果能够完成这些练习,你会从本书收获更多,也会创造出你所追求的改变。

什么是情商

情商,即情绪智力(emotional intelligence),是一种注意到自己和他人情绪的能力,能够区分情绪并给它们贴上恰当的标签,以及能够使用情绪信息来指导思维和行为[《心理学词典》(第 3 版)(*A Dictionary of Psychology*, 3rd ed.):"情商"词条]。情商由三个部分组成:情绪觉察、自我调节和人际交往技能。为了理解情商意味着什么,让我们首先定义每个组成部分。**情绪觉察**是指理解情绪(自己和他人的情绪)的能力;例如,知道自己何时感到沮丧或识别他人何时感到失望。**自我调节**是一种管理自己情绪和行为的能力;例如,当你真的很生气时,能够离开某人而不是对其大喊大叫。**人际交往技能**是你与他人互动和交流的健康、有效的方式;例如,放下手机以表明你在倾听,或提出问题以显示对他人所说的内容感兴趣。

这看起来好像有很多内容,一想起来就会让人喘不过气。但本书将把它们分解开来,一步步教你。你将获得更多需要觉察并控制自己情绪的技能,这样你才能与他人建立健康的关系。这不正是我们都需要的吗?如果每个人都拥有这些技能,世界不是会变得更好吗?想象一下,在学校、工作、朋友群体或家庭中,每个人都更了解自己的情绪(情绪觉察),并知道如何管理自己的强烈情绪（自我调节）；每个人都能够理解其他人的感受（情绪觉察），并在需要时提供同情或指导（人际交往技能）。那么，你想象中的人际互动方式会不会与现在不同？和他们在一起，你会感觉不一样吗？

学习提高情商是一项艰巨的任务，但遗憾的是，并非每个学校都会教授。（想象一下！如果情商像历史、数学或科学一样，成为学校的一门学科，那将是一个多么不同的世界。）情商并不是随着年龄的增长而提高，这是我们必须有意识地学习和努力的事情。有很多成年人缺乏情商——想想你生活中的成年人吧。我相信，你能说出一两个似乎并不真正理解自己感受或他人感受的人，他们经常与他人发生冲突，而且大多数时候无法控制自己的情绪。但是你会变得不一样，会更好地管理生活，因为你现在正在学习。无论你目前的情商处于哪个水平，是缺乏所有技能，还是在某些方面需要提高，通过本书，你都将得到学习和成长。

我们已经学习了构成情商的要素——情绪觉察、自我调节和人际交往技能。在本书中，我们将进一步分解这些组成部分，以便你有一个坚实的基础来构建理解。我们将关注情商的基础技能，这是情绪健康的基础。这些基础技能包括对情绪、想法和行为的自我觉察，理解身体感觉，觉察他人，以及自我调节。一旦我们能够很好地运用这些基础技能，我们就可以合理地设定真正符合自身感受的目标，更好地表达自己的感受和需求，管理如压力、焦虑和抑郁等所带来的痛苦感觉。

提高情商，需要完成多个步骤和大量工作。我们不能只记住这些步骤，然后突然之间，就变得在情绪上有了觉察，有了掌控感，并最终成功了。要是有那么容易就好了！与之相反，我们必须学习每个步骤，日复一日地执行它们，一遍又一遍地练习、讨论、记录及处理，直到我们开始注意到变化。接着，我们需要持续不断地坚持，因为这不是一个学习完就结束的事情。这是一项终身进程，我们在一生中都要不断地为之努力。

情绪的重要性

情绪会影响一切，我们的感受会影响一切。我是说一切，你觉得夸张了吗？让我们仔细看看。

> 丹妮卡是一名16岁的高中生，今天早上她在父母的争吵中醒来。她从床上爬起来，认为父母的争吵意味着他们要离婚了，就像朋友的父母一样，在最终离婚前不断争吵。她没有意识到这个想法让她有何感受，而是觉察到她的胃有点痛。她不想让胃持续不舒服，所以她决定不吃早餐。她在厨房里拿了要在学校吃的午饭，没怎么跟妈妈打招呼，然后出门了。当她乘车去学校时，她终于注意到自己的情绪：恼怒。她因为不得不在离学校很远的地方下车而恼怒，对周围那些笑脸而恼怒，对肚子的咕咕叫而恼怒，还因为她把一项作业忘在家里而恼怒。当在储物柜附近遇到几个朋友时，他们开玩笑地评论她又迟到了，这导致她的恼怒情绪一下子爆发出来，她冲朋友们大吼了几句。朋友们告诉她，她需要学会开玩笑并放松下来，然后他们走开了，只留下她感觉比之前更糟了。

丹妮卡的情绪影响了一切。你可能会想，**影响了一切的不是情绪，而是那些破坏了她早上的种种情况**：父母的争吵、不得不在很远的地方下车、饿着肚子、朋友的取笑。下面我们将对丹妮卡的故事进行详细分析，看看你是否会有不同的想法。

无论你是否意识到，情绪都是你生活的一部分，它是人类体验的一个组成部分。情绪可能是积极的，也可能是消极的；更重要的是，我们根据自己的情绪所做的事情可能会产生积极或消极的结果。我们通常关注的是结果部分，而不是那些引起行为并产生结果的情绪。我们将在本书中重点关注情绪觉察和行为觉察，以便你学会如何区分情绪和行为。

让我们再来思考一下丹妮卡的故事。如果她一直在努力变得更有情商呢？

她的早晨会有怎样的变化？

如果丹妮卡在听到父母的争吵时，停下来考虑一下自己的情绪（对情绪的自我觉察）和想法（对想法的自我觉察），会怎么样？如果她注意到自己身体的反应，并知道这些感觉意味着什么（理解身体感觉），会怎么样？如果她的自我觉察导致她对自己的消极情绪做了些什么（自我调节）呢？让我们改变她的故事，从而反映这一过程：

> 丹妮卡是一名16岁的高中生，她早上被父母的争吵声吵醒。她花了一点时间，注意到自己的身体感到紧张——下颌牙齿咬紧了，肩膀耸起并向耳朵靠拢。她意识到这种紧张意味着她感到焦虑。她还注意到，她在想父母最近经常吵架，朋友的父母也总是吵架还离婚了，她想知道自己的父母是否也会离婚。她决定先做几个缓慢的深呼吸，告诉自己很安全，父母的争吵并不意味着要离婚，然后她起床了。她注意到自己还是有点焦虑，但不像几分钟前那么糟糕了。

这些简单的自我觉察和自我调节行为很可能会改变丹妮卡的整个早晨。现在她感觉更放松了，可以吃早餐了，这会减少她的烦躁情绪。如果她也注意到父母的情绪（对他人情绪的觉察），会怎么样呢？让我们看看这对她来说会不会改变什么。

> 丹妮卡走进厨房吃早餐，并准备今天的午餐。她看到妈妈弓着背坐在桌旁，盯着咖啡杯。丹妮卡识别出了妈妈的姿势和肢体语言，认为妈妈可能受到了伤害。她问："妈妈，你还好吗？我能和你坐一会儿吗？"妈妈注意到丹妮卡，笑着说："你真好，亲爱的，我没事。我和爸爸似乎无法在重大财务决策上达成一致，这让我很有压力。我们最终会想出办法的，但现在感觉真的很难。"丹妮卡对他们的争论有了更多的了解，并听到了妈妈的观点，这让她松了一口气。她们一同坐下来吃麦片，谈论着前一天晚上让房子震动的巨大雷雨。

丹妮卡现在知道了争吵的原因，也不担心父母离婚了，离开家时感受到的压力和焦虑得到了减轻。她甚至可能在乘车去学校的路上播放最喜欢的歌曲，使她不那么在乎要在很远的地方下车这件事，总体上也不那么烦躁了。当她接近朋友时，情绪也会完全不同，他们的取笑可能会让她微笑而不是咆哮。

丹妮卡首先对自己的情绪、想法和身体感觉有了自我觉察，接着使用了一种自我调节工具来减轻焦虑，并且考虑到了妈妈的感受。通过使用本书中你将学到的一些技巧，丹妮卡的早晨被完全改变了。

这项工作如何改变你

青春期和成年早期的生活充满了起起落落。你变得更加独立，但也承担了更多的责任。你可以尝试新的和具有挑战性的活动，但也会经历更苛刻的环境和情况。你可能进入恋爱关系，但也必须掌握新的人际交往技能。没有父母或家人的参与，你可以做出更多的选择，但也会面临更困难的结果。鉴于你作为青少年或刚成年的人所面临的新动态，提高自我觉察至关重要，这样你才能学会如何应对困难的情绪和想法，更好地控制自己的行为，并成功地处理好人际关系（Young, Sandman, and Craske 2019）。换句话说，你周围的一切都在变化，这可能会给你带来极大的压力；然而，如果你可以觉察到自己的情绪和想法，你就能更好地管理自己的行为、反应和人际关系。

除了所有这些起起落落，现在你的身体和大脑内部也发生了很多变化。青春期相关的荷尔蒙、身体和大脑变化始于青春期，并持续到成年早期。此外，你的大脑正在创建新的神经连接，这将影响决策、学习和社会互动（Laube, van den Bos, and Fandakova 2020）。所有这些变化和发展意味着你在此期间快速成长、成熟和蜕变。当你注意到新的思维方式和偏好如何迅速改变时，你会感到困惑甚至害怕。也许，你过去喜欢在别人面前弹钢琴，但现在发现你不喜欢了；或者，你上学期非常亲密的朋友们现在感觉像陌生人。这些变化是正常的，虽然有时你可能感觉不知道自己是什么样的人，但这正是你认识自己的方式。这些身份和偏好的变化是意料之中的，表明你正在成长和适应。

你的大脑也在努力继续发育，就像骨骼和肌肉继续变得更强壮一样。你知道锻炼得越多，吃得越好，你就越强壮吗？同样，你学得越多，大脑就越强壮。就像我们的身体受益于疫苗，能预防疾病、维持健康一样，我们也可以做一些事情来保护大脑和心理健康。一些澳大利亚研究人员发现，青少年和刚刚成年的人需要一些基本习惯来促进这种成长和发展。他们称这些习惯为"心理疫苗"，因为养成这些习惯有助于促进你的成长，并为大脑的最大改善创造条件。构成心理疫苗的习惯包括：健康饮食、锻炼、休息和睡眠、乐观心态、压力管理、自主决策、多样化和挑战、与朋友的社交互动、学习新事物，以及反复练习（Ekman et al. 2021）。虽然我们不会深入探讨其中的每一项，但在你将要进行的练习、思考和目标设定中，你可能会发现其中的一些习惯。

你现在正处于一个重要的发展时期，无论是刚刚进入青春期，还是即将步入成年。你的大脑已经为成长做好了准备——正是现在，它处于最佳的成长状态！它准备好建立新的连接和通路，准备好以不同的方式思考，准备好做出积极的改变。当投身于本书时，你的大脑会做出反应，朝着积极的方向适应和成长。你将会以不同的方式感受、思考和行动，这反过来会改变你与他人的互动方式。这在人生的任何阶段都是可能的；然而，在你目前所处的阶段，这是最可行的。老实说，我想不出比这更重要的事情了。

如何使用本书

在一本书里，要想充分理解我们自己和他人的情绪，以便能够设定和实现目标，学会表达需求和感受，并拥有健康的人际关系，会有很多的内容。然而，你将看到所有这些是如何结合在一起并相互促成的。慢慢来，按你自己的节奏走，我们不着急。你学会这些步骤，比在某个日期之前看完这本书更重要。如果这意味着你在一种技能上花的时间比另一种技能多，那完全没问题。如果这还意味着你在继续前进之前花时间写笔记或做练习，花额外的时间进行思考或培养技能，那这非常棒。你正在以自己的方式和时间安排来学习。

你会注意到，书中有用于反思和实践的练习。有时，你会被要求拿起笔记本，回答问题或记录提示，而这些都是真正停下来思考你正在学习的东西及其是如何应用到生活中的点。还有一些部分提供了循序渐进的指导，以便你可以在现实世界中学习。此外，你会注意到本书后面的"检查一下"。"检查一下"是为了帮助你保持在设定目标（基础技能4）的轨道上，也是一个反思进展的机会。

随波逐流和陷入困境

学习新事物可能很困难，陷入困境是意料之中的。如果你没有被挑战去以不同的方式思考，那么你就没有真正在学习，不是吗？想一想你上过的一门课，在这门课上几乎不用集中注意力，所有的考试和作业都完成了，你在那堂课上真的学到东西了吗？还是只是在走过场？如果你发现这种情况在本书中时有发生，如果你意识到正在随波逐流，没有真正集中注意力，是因为你已经熟悉了这些概念，那我建议把这段时间作为深入学习的机会。

辛妮在烹饪艺术课上感到无聊。她去年夏天参加了一个专为有厨师志向者举办的夏令营，她花了两周时间创作复杂的菜单，烹饪精致的菜肴，并与经验丰富的厨师团队合作。当高中老师布置了一项做你最喜欢饭菜的任务时，她无聊地抱怨着，心想为什么任务不能再困难一点。当她在吃饭时向父母抱怨这项作业缺乏创意时，妈妈建议她把作业完成得更有创意。辛妮考虑了这一想法，并在那天晚上，坐下来冥思苦想，直到想出了一些让她会自豪地与夏令营里经验丰富的厨师分享的点子。当介绍她最喜欢饭菜的那天到来时，她没有像每位同学那样提前做好并放在老师面前的盘子里，而是调暗灯光，播放音乐，并从头到尾向全班介绍烹饪过程,同时分享她为什么喜欢这道菜以及每种食材对她的意义。

辛妮选择进一步深入探索,而不是随波逐流。本书的深入探索意味着停下来反思某些东西如何适用于你,即使你认为已经掌握了该领域。想想自己在不同的环境和情况下,和周围不同的人在一起,你会怎么应用这些技能呢?深入探索也意味着与他人交流,看看你对自己的看法是否与他人对你的看法一致。例如,你可能认为自己很擅长注意他人的感受,并不需要在这方面花太多时间;你可能认为自己是一名了不起的倾听者,非常了解社交暗示。你可以邀请一些信任的家人和朋友进行诚实的评估,问他们在与你交谈时是否感到被倾听,看看他们是否觉得你理解他们什么时候心烦意乱以及为什么心烦意乱。

或者,也许你认为自己可以很好地管理情绪,不需要掌握新的自我调节工具。请你与父母、教练、朋友或老师确认,询问他们是否注意到你的沮丧、愤怒或崩溃,他们观察到你是如何处理困难情绪的,以及他们认为你需要在哪些方面努力?

现在回想一个令你焦头烂额的课程,那门课让你不得不请家教、参加学习小组、向老师请教问题,请问你在那堂课上最终学到了什么?即使你脱口而出"什么也没学到",也请再仔细想想。我相信你在那堂课上学到了一些东西,并且它们至今仍然伴随着你。或许,正是因为那门高难度的高中物理课,你在大学时才对物理有了更深的理解。又或者,你在中学的音乐课上苦苦挣扎,让你意识到自己是一个非常努力的人,当你付出了努力就能获得成功。

保罗觉得自己被几何课困住了,开始怀疑自己是否能够按照计划在大学主修工程学。当他和朋友坐下来为即将到来的考试做准备时,他注意到自己的身体感觉很烦躁,并对朋友嚼口香糖感到很恼火。他开始想,我永远学不会,我应该在大学里找一些不涉及数学的其他专业。当起身去图书馆的洗手间时,他看到镜子里的自己非常烦躁和不安,并觉察到自己在想消极和无益的事情。他知道需要做一些不同的事情,否则他打不破恶性循环。当重新坐在桌旁时,他回到刚刚结束的章节,而不是开始进入新学习的章节。他决定继续看书,理解每个令人困惑的概念,直到完全掌握。于是,他整个周六都在阅读和重做前面每一章节的练习——直到完全理解为止,并且当觉得这些材料容易理解时才停下来。到周六晚上,他对几何有了更好的理解,需要休息一下。他邀请朋友过来举行篝火晚会,一起享用烤棉花糖。

保罗意识到自己被困住了,于是后退,然后休息了一会儿。当你遇到挑战而不知如何是好时,可能会陷入困境。这在当时可能很难识别,所以知道自己被困住的信号很重要。

像保罗一样,许多人知道当感到烦躁不安或需要起身以某种方式移动身体(如踱步或打扫卫生)时,就知道自己被困住了。他们也可能注意到自己对教材、教材的作者或教书者感到恼火。有些人甚至在困住时对自己感到恼火,并像保罗一样进行消极或有害的自我对话;例如,"我真笨""我永远也学不会""学这个有什么意义,反正对我没什么帮助"。

自我对话被定义为"自动或有策略地针对自身发出的陈述、短语或提示词,可以大声或小声说出,带有积极或消极的措辞,存在指导或激励目的,具有解释因素,并包含一些与日常言语相关的相同语法特征"(Hardy and Zourbanos 2016)。本质上,如果你的一个念头是对你自己说的,那就是自我对话。

拿起你的笔记本,花点时间思考,你被困住的信号是什么?

一旦知道这些信号,你就可以像保罗那样后退一步。他重新阅读并学习了之前的每一个概念,直到完全理解。通常,我们会被新的内容困住,是因为我们没有完全理解前一课的内容。在本书里,如果你发现前一课没有真正跟上,请回到上一部分。重要的是,你在阅读过程中理解所读的内容,否则你可能会迷失方向、感到沮丧。继续往回走,直到你找到完全理解的地方。现在,你在一个熟悉的地方，休息后可以从这里开始构建新的理解。

休息是指我们远离教材，理清思绪。你有没有注意到，在休息后事情会变得更加清晰？我有过这样的经历，试图去理解一些事情，但完全摸不着头脑，最后决定停止，晚上上床睡觉，第二天醒来时完全恍然大悟，突然间一切都变得有意义了！这是因为休息过后的大脑信息处理的能力最强。有益的休息，包括学习与之前被困住的完全不同的东西、睡觉、锻炼、与朋友聚会、听音乐或做一些有创意的事情；不包括阅读、刷手机、研究或学习被困住的东西。

意识到自己陷入了困境，后退一步，休息一下。当你在做了这些事情后处理信息时，要比以前慢一点。慢慢掌握新概念，不要匆忙接受。如果你在那之后仍然停滞不前，也许这是一个你还没有准备好的概念，是时候进入下一部分了。你可以随时回头来看看是否理解了。

准备开始

在开始之前，让我们确保你已经为成功做好了准备。你有一本随时可以使用的笔记本吗？它不需要任何装饰，一本简单的笔记本就可以了。然而，如果你想让它变得特别，那就发挥创意吧。重要的是，你要把它和一支笔、这本书放在一起，这样当需要的时候，它就已经在了。每当你被要求思考一个概念或记录你对一个问题的答案时，拿起它开始写吧！

接下来，要考虑的是如何最大限度地学好。大多数人倾向于在安静的环境中学习效果最好，但有些人发现在播放柔和音乐的环境中会有所帮助。什么会分散你学习的注意力？如果你像大多数青少年一样会立即想到手机，那么就尽可能在你和手机之间设置许多障碍：将其关闭，放在另一个房间，或者交给一个信任的人并告知其在指定的时间内不要归还，从而让自己很难拿起手机查看。

当然还要考虑你喜欢如何阅读和学习。你喜欢独自一人，还是和其他人在一起？如果你和别人一起阅读或学习效果更好，有没有朋友可以和你同时阅读这本书？然后，你们可以讨论正在学习的东西，并在需要时互相澄清。学习时有没有一个特定的地方是你喜欢的，比如卧室、图书馆或餐桌？保持学习环境一致，有助于大脑为学习做好准备。例如，如果你经常去学校图书馆学习，大脑就会开始将图书馆与专注、注意力和学习联系起来。所以，当你走进图书馆门的时候，大脑就已经准备好学习了，甚至不用你打开一本书。如果你还没有一个理想的地方，请用本书作为你寻找的机会。但是，要确保不要在同一个地方做不同的事情，如用床来学习和睡觉。因为当你上床时大脑不知道该做什么，所以你最终会在床上学习和睡觉时陷入困难。

最后，要记住的是，阅读本书时要适当休息。休息，不仅能在陷入困境时帮助我们，还有助于我们用全新的视角面对新内容。在阅读本书时，你不必在结束全部一章后再休息，而是可以利用每一新的概念内容作为停下来的机会。每章都有练习部分，如果可以的话，考虑在每一章之后休息一下。这样你就有时间做练习，然后第二天再看书。你可能也会在注意到自己在一遍又一遍地反复阅读同一个句子，感觉被一个概念或工具困住了，或者感觉身体再也坐不住了，那就休息一会儿。如果你计划在短暂的休息后再回到书本上，请确保你在休息时做了一些不同于阅读或学习的事情。走出去，活动你的身体，与人交谈，或与宠物玩耍，这样大脑才能真正得到休息和重置的机会。

好了，我想你已经准备好开始了！让我们带着一些自我觉察开始吧！

基础技能 1

自我觉察

建立整体情绪觉察的第一步，是提高自我觉察。如果没有这个基础部分，其他一切都将崩塌。想象一下，一个没有觉察到自己感受、想法或行为的人，是如何与他人互动的，并且会在不知缘由的情况下对情绪和想法做出反应，从而导致无法改变自己的行为。

但是自我觉察到底是什么意思呢？自我觉察包括觉察情绪和身体感受、想法、行为方式。当觉察到自己的情绪和身体感受、想法、行为时，我们可以选择不同的感受、想法和行为。但是自我觉察还包括觉察他人的感受、想法和行动。当觉察到他人的感受、想法和行动时，我们会知道何时需要进行自我调整。如果没有自我觉察，我们就无法做出那些选择或调整。

一些青少年被鼓励比其他人更有自我觉察。例如，有的家庭通过相互沟通对方的感受或想法来激发自我觉察。在这些家庭中，青少年不会因为产生负面情绪而受到责备（尽管他们在负面情绪影响下所做的事情可能会产生后果）。相反，家庭成员可以公开分享他们的感受和想法，而没有评判或羞耻。鼓励自我觉察的家庭也能觉察到其他家庭成员正在经历什么；比如，当你的行为有点反常时，家庭成员会注意到你的行为。如果父母或兄弟姐妹委婉地指出你当前的情绪或行为，询问你的想法或感受，或者与你分享他们自己的情绪、情感、想法和行动，那么你就知道你的家人是更倾向于鼓励自我觉察的。

完全相反的情况是，有的家庭尽一切可能阻止自我觉察。这些家庭不鼓励青少年谈论感受或想法。家庭成员似乎没有人注意到其他人的感受，当分享其感受时，他们会感到被嘲笑、羞耻、被评判或批评。家庭成员似乎不理解彼此的行为，并且会曲解行动。如果家庭成员中大多数人不分享自己的感受，而当有人分享时，会遭到嘲笑或被告知感受是错误的，那么你就知道你的家人是倾向于阻止自我觉察的。你可能还会注意到，因为家庭成员通常不会分享自己的想法，所以相互之间必须猜测其他人在想什么。你甚至可以观察到大多数家庭成员都不知道他们的行为是如何与想法或情感联系在一起的。

还有一些家庭介于两者之间。有时父母对分享情感很感兴趣，而有时却不是这样；有时兄弟姐妹会注意到你的感受和行为是否与平时不同，而有时则不会。自我觉察是一个连续谱，你可能会发现你的家人每天都在连续谱上变化，这很正常。没有一个家庭是完美的，你甚至会发现你的家庭从一个极端走向另一个极端，而这并不意味着你的家庭很糟糕或缺乏成长和改变的能力，只是说明现在还不擅长自我觉察。他们可能在其他方面很强，但还没有真正学会如何更敏锐地觉察自己或他人的情感、想法和行为。

如果你的家庭不鼓励谈论感受和想法，不善于注意他人的感受，当分享感受时家庭成员会做出负性反馈，要知道你仍然有可能培养这些技能。你不需要整个家庭都拥有自我觉察，因为你可能会发现，随着自我觉察能力的增强，你甚至开始以一种更有效、更健康的方式与家人互动。这可能会改善人际关系，你可能会开始对自己感觉更好。事实上，这就是我们要做的——不是要改变这里的任何人，而是要专注于自我提升。

因此，即使家庭不重视自我觉察，你仍然可以培养技能，并用它来建立你想要的生活。正如你将看到的，提高自我觉察并不是一件轻易做到的事情。当练习本章或本书其余部分的技能时，你会开始注意到自己身上的新变化，而这些变化将成为你的一部分。也许，你会开始识别和标记情绪，然后在感到不安的那一刻让自己平静下来（自我调节）；可能还会开始注意到自己不再对朋友发脾气，从而增进了友谊（人际交往技能）。这种处理情绪的新方式变得很自然，所以你在做的时候不会注意到它。你已经成为一个冷静应对的人，即使在经历伤害、嫉妒或尴尬等痛苦情绪时也是如此。到那时，自我觉察只是你人格的一个自然组成部分。

自我觉察与自我沉溺

在深入了解自我觉察之前，让我们区分一下自我觉察和自我沉溺。自我觉察是觉察自己和他人的需求，这意味着有时你会将他人的需求置于自己之上。

自我沉溺是只考虑自己的需求，这意味着你总是把自己的感受和需求置于他人之上。请阅读下面艾丽的故事，思考一下，看看你认为她是自我觉察还是自我沉溺。

> 艾丽坐在食堂常坐的桌子旁吃午饭。朋友们异常安静，每个人都在关注卡姆，他正盯着桌子，面前的食物一动没动。没有人对艾丽说什么，所以她开始谈论有关确信自己刚刚考砸的西班牙语考试以及老师给每个人打分是多么不公平。没有人意识到她说了什么，她很生气："嘿！我是鬼魂吗？我是隐形的吗？"苔丝用手肘轻轻地撞了一下艾丽，用眼神示意她看向卡姆，同时张大嘴巴无声地说："他爸爸昨晚搬走了。"艾丽耸耸肩，开始从午餐袋拿出她的食物。"卡姆……卡姆……我知道你的感受。我知道这对你来说意味着什么。我叔叔也离开了他的家庭。我的意思是，他是我的叔叔，不是我的爸爸，但我们是一个非常亲密的家庭，所以他也类似于我的爸爸。他离开的时候，太可怕了。你还记得吗？"她环顾四周，但没有人回头看。她继续说道，"我有几天没来学校，我一直在哭，那段时间真的很艰难，但我熬过来了，你也会的，卡姆。既然我能熬过来，你也会的。"

对此，你怎么看呢？艾丽是否觉察到自己和他人的需求，并意识到她应该把卡姆的需求放在自己的需求之前？还是她只考虑自己？

艾丽站在自我沉溺而不是自我觉察的一边。我们怎么知道？让我们找到证据：她没有注意到朋友们是如何异常安静或专注于卡姆的；当她分享自己的考试时，也没有注意到别人没有回应；当得知卡姆的艰难经历时，她把他的处境比作她曾经经历过的事情，而这与卡姆的经历完全不同。艾丽不知道其他人的感受和想法，也不知道他们是如何看待她的，她的故事充满了自我沉溺的味道。

自我觉察既是一种天赋，也是一种责任。即使有时表现不佳也没关系，但重要的是我们始终尽力做到最好。我们可能会发现自己有时像艾丽一样，迷失在自己的想法、感受和问题中，忽略了身边朋友正在发生的事情；而有时候又会通过自我觉察，更好地理解他人正在经历的事情，从而建立更亲密的关系。把自我觉察想象成一个你不断试图平衡的跷跷板：一方面是觉察自己的想法、感觉和行为，另一方面是觉察他人的想法、感觉和行为。虽然跷跷板有时变得不平衡是正常的，但我们不希望它长期偏向于某一侧。

有自我觉察意味着什么？借助艾丽的情况，让我们看看如果她有自我觉察而不是自我沉溺，她的互动可能会有多大不同。

> 艾丽坐在食堂常坐的桌子旁吃午饭。朋友们异常安静，每个人都在关注卡姆，他正盯着面前的桌子，食物一动没动。没有人对艾丽说什么，她意识到餐桌上的气氛是阴沉的，悄悄地问大家，"一切都好吗？"苔丝用手势指向卡姆，无声地说："他的爸爸昨晚搬走了。"艾丽说："我很抱歉，卡姆。我们现在能帮上什么忙吗？"卡姆用悲伤的眼神看着她，摇了摇头。艾丽提议他们都应该吃点午餐，因为每个人面前都有食物，并开始从午餐袋中拿出自己的三明治。她告诉卡姆，"我现在完全无法想象你现在的感受，但你要知道，当你准备好倾诉时，我们都会支持你。"她环顾四周，问大家有没有人可以分享一个有趣的故事来分散卡姆的注意力，好让他吃午饭。苔丝插话说，"哦，我有一个好主意……卡姆，你准备好听一个关于某位科学老师的故事了吗？他平时装口音说话，结果今天不小心用真声说话了。"卡姆一边打开水瓶，一边微笑着点头。

艾丽对他人情绪、想法和行为的觉察，让她有能力成为一个好朋友。她考虑了餐桌的气氛（觉察他人的情绪），意识到人们很安静（觉察他人的行为）并且面前有食物（觉察他人的身体感受）。她还通过邀请别人分享一个有趣的故事，来表现出能够理解卡姆正在忍受什么（觉察别人对我们的看法）。

以下是自我觉察的组成部分。

- **觉察自己的情绪**：能够识别和标记自己的情绪。
- **觉察自己的身体感觉**：能够理解不同的感觉意味着什么，并知道何时以及如何将身体感觉与情绪、想法和行动联系起来。
- **觉察自己的想法**：能够知道你脑子里在想什么，哪些想法真正值得你关注。
- **觉察自己的行动和表现**：能够了解自己的行为模式和行为方式，知道自己的行为何时会影响周围的人。
- **觉察他人的情绪**：能够根据他人的言语、肢体语言、你对他们的了解及他们目前的行为，准确评估他人的感受。
- **觉察他人的身体感受**：能够根据他人的肢体语言和话语，理解他人当时的身体感受。
- **觉察他人的想法**：能够根据他人的肢体语言、动作、情绪及你对他们的了解，凭直觉知道或理解他人的想法。
- **觉察他人的行动和表现**：能够根据他人的感觉、肢体语言和你对他们的了解，预测或理解他人的行为。
- **觉察他人对自己的看法**：能够读懂社交线索或理解社交情景（如能够洞察房间的氛围）。

呼！这确实涉及很多方面的觉察。但是不要担心，我们将一步一步地分解它，慢慢来。

反思你的自我觉察

你认为你在自我觉察的不同组成部分中处于什么水平？拿起你的笔记本，让我们做些反思。我们将使用 1～10 分来分别打分，其中 1 分表示几乎没有，5 分表示有一些，10 分表示一直都有。

你如何评价自己识别和标记情绪的能力?

1	5	10
我几乎没有注意到自己的感受。	我注意到强烈的情绪,但没有其他的了。	我很清楚在一天之中任何时候的感受。

你如何评价自己准确理解他人感受的能力?

1	5	10
我通常不知道周围人的感受。	我能够在周围人真正有强烈情绪时或做一些与强烈情绪相关的事(如哭泣、冲出房间或大笑)时,注意到他们的感受。	我总是关注周围人的感受。

既然你已经对你的情绪觉察进行了评估,我希望你再花点时间反思一下,并用笔记本来回答这些问题:

- 亲密的朋友或家庭成员会如何评价你?
- 最好的朋友或父母会怎么看待你对自己感受的认识?他们是说你通常会表达正在经历的感受,还是说你在心烦意乱时会闭口不言?
- 最好的朋友或父母会怎么评价你对他们感受的了解?他们会说你很善于注意他们的感受,还是说你根本不考虑他们的感受?
- 你是否过于关注他人的感受,以至于忽略了自己的感受?
- 你认为哪里有提高或变化的空间?

接下来,我们将看看你对自己想法的觉察。请使用你的笔记本和上面相同的 1～10 分来打分,其中 1 表示几乎没有,5 表示有一些,10 表示一直都有。

你如何评价自己识别和标记想法的能力?

1	5	10
我几乎没有注意到自己的想法。	我注意到强烈的想法,但没有其他的了。	我很清楚在一天之中任何时候的想法。

你如何评价自己准确理解他人想法的能力?

1	5	10
我通常不知道周围人的想法。	我能够在周围人分享自己的想法时或通过行动来表达内心想法(如觉得要迟到就急得团团转,或者觉得别人对自己生气就不停地发短信)时,注意到他们的想法。	我总是关注周围人的想法。

我再次希望你花点时间思考一下,并用你的笔记本来回答下面的问题:

- 亲密的朋友或家庭成员会如何评价你?
- 最好的朋友或父母会怎么看待你对自己想法的认识?他们是说你经常会分享想法,还是当他们问你在想什么时,你经常说"我不知道"?
- 最好的朋友或父母会怎么评价你对他们想法的了解?他们会说你很善于注意他们的想法,还是说你很少考虑他们在想什么?
- 你是否过于关注别人在想什么,以至于忽略了自己的想法?
- 你认为哪里有提高或变化的空间?

清空大脑

现在是时候进一步觉察到这些情绪和想法了。但在此之前,你可能有兴趣知道一个来自加拿大女王大学(Queen's University)心理学专家团队的发现,即普通人一天会产生超过6 000个想法(Tseng and Poppenk 2020)。如此多的想法!如果关注每一个想法或平等对待每一个想法,我们会精疲力尽,但很多人都是这么做的——因为我们认为这么想,它就一定是真的。然而,想法不是事实(感觉也不是)。为了避免精力耗尽,我们必须学会观察想法,不要关注那些无用的想法。要做到这一点,你需要**清空大脑**。

清空大脑是指你允许每一个想法和每一种感觉都从脑袋里出来并写在纸上的时候。你不断地写啊写,不用担心标点符号、错别字、语法或大小写。这个方法是为了把所有的想法和感觉都扔出去。

在开始之前,需要考虑时间和地点的选择:想一个你可以在今天晚些时候或明天进行大脑清空的时间,并选择一个你不会被打扰的时间。我不建议在睡前这样做,因为在这个练习结束后,我们有时很难停止自己的想法和感觉,这会使入睡变得非常困难。

选择一个练习后有事情做的时间(如吃晚饭、和朋友出去玩或遛狗),这样大脑就可以专注于其他事情。在日程表上安排时间,在手机上设置提醒,或者写在便利贴上,放在你能看到的地方。一旦安排好了时间,选择一个私密的地方,在那里你不会担心有人在你身后读到你写的内容。

当你准备好了,把计时器设置为10分钟。在这10分钟里,把所有的想法和感受都写进笔记本里,一直坚持到计时器停止。不要撒谎或者提前停止,你必须全程书写,不要查看社交媒体、短信或手机上的其他任何东西。想到什么就写什么,不管这听起来有多傻。

定期清空大脑会增加你对想法的觉察,并教你如何注意到有用的想法,同时放弃无用的想法。当你感到困惑、焦虑、满足、兴奋、沮丧、受伤、疏离或骄傲时，它是很好的选择。在漫长的一天结束时，它也是很好的选择，可以帮助你在晚上休息前清理一下头脑。我建议每天做一次大脑清空。

自我觉察与自我调节相结合

自我觉察和自我调节之间必须保持平衡。研究人员发现，如果过度关注自己的感受、想法和行为，却缺乏调节能力，那么你就不是在真正帮助自己。事实上，你可能会让自己感觉更糟。研究人员发现，你陷入了消极的情绪状态，在脑海中不停回放同一种情况，无法转移到更有效或更有帮助的事情上。当人们了解自己的情绪、想法和行为时，他们就能够修复负面情绪状态。当修复负面情绪状态时，他们可以更好地应对压力事件，并可以最大限度地减少负面想法（Armstrong, Galligan, and Critchley 2011）。

自我觉察和自我调节是相辅相成的。正是因为自我调节是情商如此重要的一部分，所以我把许多利于自我调节的方法包括在内。我们将从这里开始，并将在其他领域发展这一重要技能。

自我调节是管理情绪和控制行为的能力。知道如何自我调节可以减少抑郁和焦虑，同时增强自尊（Fernández-Berrocal et al. 2006）。比如，当你能在充满挑战的环境中改善情绪时，就不太可能让情况变得更糟，这会让你自我感觉更好。

假装你一直在努力建立自我觉察，并注意到你因为今天是讨论日而在课堂上感到高度焦虑。你知道，你将不得不参与进来以获得分数，自我觉察的工作是告诉你，在别人面前说话时你会感到焦虑。但是，现在你已经了解了自己，你可以干预并改变焦虑的强度。如果你能通过有节奏的呼吸、练习正念和改变自我对话来进行自我调节（所有这些工具你都会在这本书里学到！），你会感到不那么焦虑，更有可能在讨论中提供有价值的见解。另一方面，如果你不能自我调节，你可能会开始出汗，感到闷热和脸红，并认为每个人都在盯着你，注意到你有多焦虑。你甚至可能会告诉老师你生病了，然后离开去上厕所，这样就错过了得分的机会。

自我调节也是对负性生活事件的保护屏障，如与朋友吵架、分手、家庭冲突或失去亲人。研究表明，如果你善于自我调节，你甚至能够在情绪激烈的情况下做到这一点（Armstrong, Galligan, and Critchley 2011）。想想看：如果你知道如何轻松地让自己平静下来，并且每天练习，你就会拥有应对极端困难情况的技能。假设你一直在定期练习本书中的自我调节工具，并且已经很擅长自我调节了，你就不会再在心烦意乱时大发雷霆，而是使用一种工具，并能很好地控制局面。即使是爱人突然和你分手，你感到震惊并被强烈的悲伤和愤怒所笼罩的情况下，你甚至不用有意识地思考，就会说你需要从谈话中休息一下，且将在 15 分钟后回来。现在，你可以使用下面将介绍的自我调节工具——高强度练习和有节奏的呼吸。虽然你仍然感到不安，但你不像最初那样情绪失调（喜怒无常或感觉失控）。你可以继续谈话，而不会说一些残忍或伤人的话。

集中注意

为了能够自我调节，你必须首先知道你正处在失调中，这意味着你需要觉察到自己的情绪。这对许多青少年来说可能是一件非常困难的事情。你刚刚开始建立自我觉察，在"基础技能 2"中，我们将深入探讨对情绪的自我觉察。我知道，你可能并不总是知道自己的感受。对自己要有耐心，练习关注你现在的感受。当强烈情绪出现时注意它们，这样你就会开始注意到自己何时变得失调。你越擅长注意到大的感受，就越容易识别出小的感受。

在"基础技能 2"中，你将接触到一个"情绪轮盘"来帮助建立情绪词汇，所以如果你发现只能用简单的术语来识别情绪，如悲伤、愤怒、快乐或担忧，请不要紧张。从现在开始！无论何时，尽可能注意任何感觉。我现在只要求你注意自己的情绪，当它们出现或一种情绪已经形成时，观察它们。如果这对你来说很困难，那完全没关系，这意味着你还没有学会这项技能。通过阅读本书，你会慢慢学会的。

自我调节的工具

让我们首先介绍三种你现在就可以开始使用的自我调节工具。这三者结合在一起，在你感到愤怒、敌意、沮丧、失望、无助、尴尬或焦虑时非常有用。你也可以独立地练习其中一种，来管理悲伤、嫉妒、愤怒、内疚、羞耻、孤独或不安全感。

情绪标签

有时，仅仅识别情绪就能帮助我们感觉更好，因为给情绪贴上标签就好像是剥夺了其力量，而这让我们感觉更有掌控力。就像上面提到的，你可能并不总是知道自己的情绪，这完全没问题。在"基础技能2"中，你将学习更多关于情绪的知识，并建立自己的情绪词汇。但是现在，开始关注情绪，在白天做检查——问问自己，**我现在是什么情绪？**你不是在评判这种情绪，也不是在质疑为什么会有这种情绪，你只是在给这种情绪贴标签。当你发现自己情绪失调时（感到喜怒无常或失控），试着尽可能多地标注你正在经历的情绪，暂停一下并使用下一章的情绪轮盘。如果需要的话，也可以把它们写下来。给情绪贴标签，是帮助我们重新获得掌控感的好方法：创造一个停顿，这样我们就不太可能反应过度或做出一些以后会后悔的事情。

休息一下

很多人会使用这个最受欢迎的工具，可能你已经经常使用了。在情绪紧张的情况下，休息一下是一种很好的调节方式，但有一个前提：你必须回到情绪紧张的情况下。休息一下，并不是意味着逃避激烈的争论并表现得好像从未发生过一样；而是意味着通过暂时离开来让自己冷静下来，这样就可以在不大喊大叫、打人、伤害他人或加剧矛盾的情况下继续讨论。你甚至需要让别人知道你在做什么，这样他们就不会认为你在退出讨论或逃避后果。休息包括去卧室、散步、去洗手间、喝水或听音乐，这是一个休息时间，因为当在做这些事时，你不会去想一开始让你心烦意乱的事情，而会完全投入休息时间所正在做的任何事情中。这就引出了下面的第三个工具。

正念

　　即使你以前听说过正念，无论如何也要读一读这一节！关于正念的含义有很多错误的信息，许多人想到是一位老人在山上冥想，蝴蝶在他头上的发髻上盘旋。正念不是这样，它是指我们完全投入当下的时刻。就是这么简单。我们尽可能多地使用感官，让大脑参与正在做的事情。例如，如果在散步时进行正念，我会注意看到的和听到的，包括呼吸、过往的车辆或随风摇曳的树；我会注意到任何气味，如路过咖啡馆里的咖啡味或树上盛开的花朵香味；我还会注意身体每走一步的感觉，尝试感受脚下的地面，以及空气的温度在皮肤上的感觉。

　　我们可以随时随地和任何人练习正念，不管在做什么。我们可以在吃饭、交谈或坐在火车或公共汽车上时保持正念，可以独自或与他人在一起时保持正念，还可以在兴奋或疲惫的时候练习。正念是一种自我调节的好方法，因为它让我们专注于当下，而不是专注于情绪和想法。就像需要练习标记情绪一样，你也需要练习正念。因为你越是在轻松状态下（当情绪稳定时）练习得多，就越能在真正需要的时候（当情绪失调时）做得更好。下面有一个简短的思考帮助你开始，想象一下：

　　　　你正和一个朋友在她家玩耍、看电影和聊天，并为本周晚些时候的学校义卖活动制作手链。她不经意地宣布杰克（你一直心动的男孩）邀请她下周六去他家参加篝火晚会，她问你是否介意她去，因为她知道你喜欢他。你立即觉察到自己的身体感觉，并感觉很热，喉咙里仿佛有一个巨大的肿块。你意识到自己有受伤、嫉妒和尴尬的感觉。你注意到自己的想法：她怎么能这样对我？这不公平。我一直喜欢着他！

你决定需要休息一下以冷静下来，并说："我现在有很多情绪，但不想说一些让我后悔的话，所以需要10分钟冷静一下。等我回来后，我们可以谈谈这件事。"你走出去，通过注意皮肤上凉爽的空气温度来练习正念；你闻到附近树上盛开的花朵香味，并四处走动，注意脚在每一步踩入地面时的感觉；你听到鸟儿歌唱和汽车驶过，开始说出看到的每样东西的名字。你不会拿出手机去看杰克的社交媒体，不会把朋友和他当成一对情侣，不会问自己的朋友怎么会做这样的事情。你专注于充分融入当下，这样你就可以自我调节。

自我调节不是让痛苦或强烈的情绪消失，而是通过不同调节工具来降低情绪的强度，这样就能以更有帮助和更有效的方式做出回应。

也许，在自我调节之后，你会觉得就算朋友和杰克出去玩也没什么大不了的，因为你更喜欢从远处欣赏他。或者，也许你决定告诉朋友你的感受和想法。又或者，你意识到你从未对这种心动采取过行动，但却不让朋友接触杰克，这对朋友来说是不公平的。无论解决方案是什么，你的自我调节工具都让你从一个更加平静的状态（或至少不那么强烈的情绪）做出反应，而不是从最初的强烈情绪中做出反应，因为后者会使情况变得更加难以处理。

贴上标签，休息一下，保持正念

情绪标签、休息一下和正念是最常用的三个工具（由我和我的来访者使用！）。下次你经历一种强烈的情绪时——无论是愤怒、焦虑、悲伤还是沮丧，我希望你给自己的情绪贴上标签，休息一下。但是记住，你不能离开这个地方，一去不返！如果有另一个人参与其中，你要让他们知道，你正在休息、冷静下来，并会在5～15分钟内回来。当你休息的时候，练习正念，尽可能多地使用五种感官，完全投入当下——说出能看到和听到的事物，触摸周围的东西，注意它的感觉；闻一闻空气，说出鼻子闻到的不同气味；如果能尝到东西，无论是口香糖、糖果还是地上干净的雪，都可以让它们在嘴里回味。注意使用这些工具是如何改变你的反应方式的，你能行！

我们接下来要关注情绪觉察。所以，休息一下，练习使用工具，做一两次大脑清空，当你准备好开始了解自己的情绪时，我们再继续。

基础技能 2

对情绪的自我觉察

既然你对自我觉察有了更好的理解，我们将深入了解你自己的情绪。很多像你这个年龄的人对情绪没有深入的理解，他们依靠"悲伤""愤怒""快乐"或"害怕"等基本的情绪词来描述自己和他人的情绪状态。也许，当努力解释自己的情绪时，你已经在自己身上看到了它。或者，你已经注意到别人更善于指出你的感受，而不是你自己搞清楚自己的情绪。导致这种情况发生的原因有很多，比如没有你需要的情绪词汇来描述感受，生活在一个情感被忽视、否认或不被经常讨论的家庭里，或者害怕觉察到情绪而使其变得更为强烈。

如果你是那种难以描述自己情绪的人，或者发现自己所有情绪都纠结成一团乱麻，那么你会喜欢情绪轮盘。它将帮助你解开混乱的局面，这样你就能更好地表达情绪。你将扩展情绪词汇量，当在后面练习"情绪检查"时，会越来越擅长描述自己的感受。建立情绪觉察是一个过程，可能需要时间。在这段旅程中，对自己要有耐心。你可能会在外语课的第一个月（或两个月）感到失落，但随着时间的推移，当老师用这种新语言跟你交流时，你可能会开始更好地理解他们了。同样的事情在这里也会发生。

或者，你生活在一个情感被忽视、否认或不被经常讨论的家庭，所以从来没有真正的机会认识到自己或周围人的情绪。你正在打破这个循环！你所做的事情和家人有所不同，虽然这是一件很困难的事情，但你会发现这对自己的心理健康更好。虽然家人可能通常不会识别你或他人的情绪，但你仍然可以。你可以和信任的人分享情绪，因为不再压抑了，所以会感觉更好。

如果你害怕情绪觉察会释放内心的一些东西，让情绪更强烈、更难以控制，请知道这种害怕是正常的。这就是为什么许多人压抑自己的情绪，并把他们移动到内心深处角落的一个重要原因。他们害怕自己会失控，最终终日感到愤怒或哭泣。但事实上，当我们承认自己的情绪时，相反的事情就会发生。我们的情绪变得不那么强烈，对我们的影响也越来越小。当我们让自己感受到情绪并给它贴上标签（如抑郁、失望或尴尬）时，我们便开始获得了掌控。因为我们知道自己的情绪，并可以选择为此做点什么。但如果你仍然不相信，那么本书将会为你提供以健康的方式处理困难情绪所需的技能。

相反，当我们压抑一种感觉，然后把它推到心底里面，表现得好像它不存在一样，而这实际上是情绪在控制着我们。我们似乎毫无理由地攻击别人，或者我们对别人表现出紧张或易怒，这会让他人远离我们。我们甚至会感觉更糟，因为朋友没有打电话或发短信，或者家人对我们感到沮丧。因为一直压抑自己的情绪，认为没有办法让自己感觉更好，所以我们责怪所有人和周围的一切。我们会说，我们是因为妈妈唠叨而崩溃，或者烦躁是因为老师不公平。朋友们不打电话或发短信是因为他们只关心自己，而家人是因为他们的刻薄而沮丧。我们总以为自己可以掌控一切，但实际上，我们正处于失控的自由落体状态。

不管个人原因是什么，你都能提高情绪觉察。你可以建立自己的情绪觉察，并从任何层次上提高。不管你是从未觉察到自己的情绪，还是只注意到极端的情绪，我们将建立你的情绪词汇，这样你就能更好地识别和标记情绪，无论它们是弱的、强的，还是介于两者之间的。下面，我们还将识别出你的触发因素，这样你就能更好地理解是什么引发了或加剧了情绪，从而有助于提高整体的情绪觉察。我们也将努力联系情绪和行为，帮助你进一步扩大觉知。最后，你将学习如何忍受不适，并将有机会练习一些新的基于自我安抚技巧的自我调节工具。

情绪词汇

就像学习生物学词汇或音乐一样，我们也有词汇来描述情绪。你甚至可能熟悉情绪轮盘，因为也许你有老师把它挂在教室里，或者父母鼓励你使用它。情绪轮盘是建立情绪词汇、帮助识别和标记情绪的有用工具。请记住，情绪觉察是情商的一个重要组成部分。如果我们不知道自己的情绪，就不能自我调节。

1982年，格洛丽亚·威尔科克斯（Gloria Willcox）博士创造了一个有用的情绪轮盘，我们也将在这里使用（你可以在书的后面找到它）。我们鼓励你复印多个轮盘，一个挂在房间里，一个放在笔记本里，还有一个贴在冰箱上。

如果你更喜欢彩色的版本，可以用马克笔、蜡笔或彩色铅笔给轮盘着色（着色对心理健康也有好处）。给情绪轮盘拍照，然后储存在手机里，或者设为屏保。创建容易获得的情绪轮盘，以便你在哪里都能看到它。当你开始更好地理解自己的情绪时，请注意我在交替使用"感觉（感受）"（feeling）和"情绪"（emotion）。如果你选择深入研究心理学，会学到这两个词的细微区别；然而，对大多数人来说，感觉和情绪是可以互换使用的。

你会注意到情绪轮盘的内圈包括了悲伤、愤怒、恐惧、快乐、有力量和平静的基本感觉。中间和外部的圆圈展示了与每个基本情绪相关的更具体的情感。当你在建立情绪词汇时，首先要确定基本感觉，然后看看中间和外部的圆圈，让它们变得更具体。例如，有人可能会说他们一开始感觉很愤怒，但经过进一步的反思，他们能够确定实际上是感到了受伤和嫉妒。愤怒是对一种情感更普遍的描述，而受伤和嫉妒让我们更清楚地了解其内心更真实的体验。

当你不确定自己的感觉时，就可以使用情绪轮盘，并找到一种与感觉最相匹配的基本情绪。它不需要精确匹配，只要足够接近即可。然后，保持在与你确定的基本感觉相同的三角形或颜色内，看看中间和外部的圆圈，找到最接近你的感觉。即使你知道自己的感觉，也可以使用轮盘，看看是否有更好的情绪词来描述当前的情绪状态。

威尔科克斯博士指出，并不是所有的情绪都呈现在这个情绪轮盘上，但我认为这是一个很好的开始。她还提醒人们，你可以同时感受到情绪轮盘上不止一种的情绪（我自己就有这种情况）。如果你在轮盘上找不到自己的情绪，那可能是轮盘上没有呈现出来，或者你同时出现了好几种情绪。但是，试着找到最接近的匹配情绪，即使它不能完美地描述你正在体验的情绪。你还可以选择多种情绪，看看其是否有助于描述你当前的状态。

有些人很难弄清楚自己当时的情绪，如果你也一样，那么每当你注意到情绪的变化时，就练习暂停一下，看看情绪轮盘，找到最接近你刚才感觉的地方，然后看看是否能找到当前的情绪。练习暂停一下，无论情绪的变化有多小，无论它是消极还是积极的变化。你会停下来建立情绪词汇，因为你做得越多，给你的情绪贴上标签也会越容易。

现在看看情绪轮盘，然后闭上眼睛，把手指放在轮盘上的任何地方。当你睁开眼睛，看到所指着的情绪，回想一下你曾感受到的那种情绪的时刻。请拿起笔记本，回答以下问题：

- 你和谁在一起？
- 你在做什么？
- 有没有什么身体信号提醒你这种感觉，比如颤抖告诉你这是焦虑，或者胃部的不适告诉你那是羞愧？
- 你知道当时所体验的情绪吗，还是事后才明白？

再检查一下情绪轮盘，考虑一下哪些情绪你发现自己觉察到最多，哪些你几乎没有体验到。在笔记本中，思考以下问题：

- 你最能觉察到哪些情绪？
- 你认为几乎没有经历过哪些情绪？
- 你是倾向于觉察内圈的基本情绪，还是也能觉察到中间和外圈的特定情绪？
- 你注意到有什么模式吗？（也许你非常清楚消极情绪，但几乎没有注意到积极情绪；或者，你更有可能注意到基本的情绪，但很少观察到更具体的情绪。）你认为为什么是这样？

忍受不适

虽然不适不在情绪轮盘上，但它是对许多情况的情绪反应，如与所爱之人的艰难对话，对未来的不确定性，或做出艰难的决定。但不适也是对各种情绪的一种常见的身体反应，如无聊、不安全感、焦虑或孤独。（如果是由我决定的话，我会将不适放在恐惧饼图的中间部分。）基本上，不适可以表现为一种情绪或一种身体上的感觉。许多青少年和年轻人不知道如何忍受不适，最终会做一些事情来避免它，如打电话、喝酒、抽烟、抓挠身体或踱步。但是，无论是情绪还是行为，不适都是生活的正常组成部分，如果你想学习如何更好地管理你的感觉，你也必须学会如何忍受不适。

当体验到不适时，你能注意到吗？如果你的回答是否，那很可能是因为你甚至没有给自己一个机会去感受它。你可能会使用手机或采取另一种回避策略，那么第二种不适会开始出现。你必须开始关注，你为什么要拿起手机、喝酒、吸烟、抓挠或踱步。当做这些事情时，你不得不停下来，问自己：**是什么让我感到不适？** 另一方面，如果你对注意到不适的回答是肯定的，那么有什么东西会引起你的不适呢？你是什么时候注意到的？你目前是如何管理它的？

要学会忍受不适，你需要承认它，理解你为什么感到不适，并与之共处。我们不回避这种感觉。相反，我们承认它（*我现在感到不适*），理解其原因（*这次对话真的很难，但很必要*），并坚持下去（*即使感到不适，我也可以继续这次对话*）。我们不玩手机、不离开、不转移注意力。我们承认这种感觉，理解原因，并留在原地（如果是安全的）。忍受不适是很难的，没有人喜欢不适，但我们不能永远逃避它。

我曾经有一位来访者，每当她觉得孤独时就会感到不适。为了应对这些感觉，她会拿起手机，上社交媒体，滚动浏览。她会看到朋友们在没有她的情况下聚会，看到人们在做有趣的事情，而这让她感到更加孤独。由于感到更加孤独，她的不适感加剧了，滚动浏览已经不足以回避这种感觉，所以她会抠痂、咬指甲、抓蚊虫叮咬的包、挤痘痘，或者抠身体上任何其他能发现的瑕疵。她会注意到自己抓挠造成的伤害，并感到失控，不知道该怎么办。

你认为我们在一起工作时做了什么？我们致力于学习如何忍受不适。她需要学会忍受孤独的不适感。她首先学会承认自己的情绪（*我感到孤独，这真的很不舒服*），然后努力理解原因（*今天我没有人可以一起出去玩*），并学会在情绪中停留（这些感觉是正常的，它们不会杀死我；我可以感到孤独和不适，同时继续我的一天）。她没有回避或转移注意力，而是允许自己在做当天需要做的事情时感受这些情绪，如洗澡、整理房间和洗衣服。最终，孤独和不适感减轻了，她能够专注于自己喜欢和想做的事情。

现在花点时间思考一下你现在的情绪状态。拿出笔记本和情绪轮盘，设置一个 5 分钟的计时器，写下你现在的感受和今天早些时候的感受。不要评价或批判这些感受，注意观察它们，并回答下面的问题：

- 你现在的感受是什么？使用情绪轮盘来判断，你是感到无聊、疲倦、困惑或气馁，还是感到深思、宁静、沉思或满足？又或者，你是感到焦虑和不知所措，还是兴奋和自信？
- 把你的各种情绪想象成正在描述的访客，其表现如何？待了多久？对你有什么影响？
- 你如何描述今天体验到的任何情绪？
- 你今天的总体心情怎么样？

现在你完成了 5 分钟的记录，让我们反思一下这个体验对你来说如何：

- 识别你的情绪感觉如何？这个体验对你来说怎么样？
- 在识别最合适的情绪时，你注意到了什么？
- 你会反复回到哪些情绪？你注意到哪些情绪比其他情绪更多？

在笔记本中做一些反思笔记，然后再继续。

如果你发现你的情绪词汇有限，这完全没问题，因为这是一项可以建立的技能。

情绪和心情的区别

很多人会把"情绪"（emotion）和"心情"（mood）这两个词互换使用，但实际上它们是有区别的。根据《牛津在线词典》（Oxford Dictionaries Online），情绪是一种基于环境、心情或关系的心理状态。注意到定义中包括了"心情"这个词吗？它表明情绪依赖于心情。同时，词典将心情定义为一种暂时的心理状态。这是否让你明白了一些？但也可能没有——这也是为什么人们总是会互换着使用它们！

最好的区分情绪和心情的方法是心情持续时间更长，是容纳情绪的容器。用学校作比喻，心情就像是学校，而情绪是一节课。就像你在学校里却坐在几何课的教室里一样，你可能处于烦躁的心情中，但当被心动对象邀请时仍感到兴奋。或者，你的心情可能是平静的，但当看到考试成绩时却感到焦虑。有时你的情绪足够强烈以改变心情，有时你的心情又足够强大可以压制情绪。例如，你因为即将和心动对象出去而不断感到兴奋（情绪），所以你的烦躁状态（心情）转变为了乐观态度。反之，你长期处于平静的状态（心情），以至于不理想的考试成绩所带来的焦虑（情绪）几乎对你没有影响。

当你熟悉情绪轮盘和上面的不同词汇时，开始看看自己能否区分情绪和心情。当你识别出感觉时，问问自己这种情绪持续了多久，它是基于某种情境、人际关系还是一般心态。如果它来来去去，或者基于环境、与他人的互动或一般心态；恭喜你，你发现了一种情绪！但如果你识别的感觉更像是一种持续了几个小时的一般心态，而不是由于某种情境或关系；恭喜你，你发现了一种心情！

可以做以下练习：记录**我的当前情绪是**＿＿＿＿＿＿**和我的当前心情是**＿＿＿＿＿＿，并选择情绪轮盘上的一两个情绪词汇来正确地标记它。

当这样做时，你可能会注意到，有时心情和情绪完全一致。例如，心情是平静的，而当前的情绪是满足的；或者，心情是敌对的，而当前的情绪是恼怒的。有时，你也会注意到心情和情绪相互矛盾，感觉不太匹配。也许，心情是抑郁的，但当前的情绪是被逗乐的；或者，心情是好玩的，但情绪是气馁的。当我们的心情和情绪相互冲突时，这可能会让人感到困惑，但却是完全正常的。这也是为什么在使用情绪轮盘时，练习标记你的心情和情绪是有益的。你会学会识别所标识的感受是基于某种情况、心情或人际关系（情绪），还是一种暂时的心态（心情）。

识别模式

情绪觉察的另一个方面是了解自己的模式，尤其是涉及强烈的负面反应时。了解什么可能引发强烈的情感反应，这样你可以预见风暴的来临并做好准备。假设你知道当朋友们聚会而没有邀请你时，你会感觉非常糟糕。你知道每当看到朋友们发的那些你没有被邀请参加的活动的照片时，你会感到被拒绝和敌对；或者，当听到朋友们谈论他们一起做了你无法参加的事情时，你会感到孤独和愤怒。

因为你一直在努力建立自己的情绪觉察并了解自己的这种模式，所以当独自在家无聊时，你决定不再使用社交媒体，以防止自己因看到朋友圈在没有你参与的情况下做有趣的事情而伤心；相反，你带着小狗去散步。在学校，因为你在自我调节技能上已经下了功夫，所以当你无意间听到他们谈论昨晚篮球比赛的乐趣时（你因为要送弟弟去打冰球而没能参加），你便会从"基础技能1"中拿出工具来应对：你识别出自己的情绪（孤独和愤怒），通过去饮水机喝水来休息一下，并通过专注于水的冰凉、走廊里其他人的声音和阳光在储物柜上的反射来练习正念。

许多青少年和年轻人不知道或不理解他们的模式，因此在生活中感觉自己的情绪失控了。他们对事件有强烈的负面情绪反应，但不理解为什么。他们对自己的反应感到困惑和迷茫，却没有意识到同样的事情一遍又一遍地发生——他们看到朋友们在社交媒体上聚在一起，感到孤独，然后无缘无故地对妈妈发火。他们对同类事件有相同的强烈反应，常见的引发强烈情感反应的事件包括：

被拒绝、收到负面或批评的反馈、与朋友或家人争吵、得到不理想的分数或成绩、认为别人嘲笑自己、感到被忽视或被拒绝，以及感到被故意排除在社交场合或群体之外。你可能还有其他具体的事情让你感到强烈的焦虑或不知所措，如当前事件、家庭问题或身体健康问题。

花点时间，通过在笔记本中回答以下问题来识别你的模式：

- 思考上文中列出的常见和具体事件，哪些会引发你强烈的负面反应？在笔记本中列出它们。
- 想想上一次你感到情绪或行为失控的情况，并描述这个情景。你和谁在一起？你在做什么？在你体验强烈反应之前发生了什么？你在想什么？
- 查看情绪轮盘，列出你最难以管理的情绪。你大多数时候感觉哪些情绪难以控制？

将情绪与行为联系起来

既然你已经思考了自己的模式，让我们探讨一下你的情绪是如何与行为联系起来的。当你经历强烈的负面情绪时，你通常怎么表现？例如，有些人在与家人争吵时感到愤怒，会摔门或摔抽屉，其他人则会哭泣；有些人在责任压身时会孤立自己、关闭自己，而另一些人则会无缘无故地开始争吵。思考一下你在前一练习中列出的模式列表，并记下你在强烈反应时的行为。当你被情感推到极限时，会怎么做？

现在，让我们专注于感受，再看看情绪轮盘，让我们想想你在不同情况下的情绪反应。举个例子，很多人在被朋友排斥或拒绝时，会感到被孤立。人们在观看不喜欢的时事新闻时，也通常会感到沮丧。当有强烈反应时，你在情绪轮盘上体验了哪些情绪？思考一下你在上一个练习中列出的难以管理的情绪，有新的要添加到列表中吗？

强烈反应也可能出于其他原因，我们可能会在此注意到模式。有时，我们可以根据行为预测感受：我知道如果前一晚没睡好，我更可能对小事感到恼火；我也知道如果在手机上漫无目的地浏览太久，我后来会感到无趣。另一方面，我知道，在好好锻炼一番后，我会感到自豪；而当我置身于大自然中时，我会感到乐观。

熟悉自己在不同情况下的情绪反应将帮助你做出更好的选择。如果你知道一个混乱的桌子会让你感到不知所措，你更可能会保持它的整洁；如果你知道在饥饿时容易沮丧，你会确保无论在哪里都带着零食。所以，当你注意到自己的模式时，你也会注意到不同的行为如何影响你的情绪状态。

下面我们将会让这个练习变得有趣：

- 拿出你用的音乐播放器。
- 现在挑一首你最喜欢的歌曲。
- 在播放之前，确保没有人会打扰你；然后找到一个舒适的位置，完全沉浸在歌曲中。
- 拿出笔记本，记下你整体的心情和当前的情绪。如果需要帮助识别心情和情绪，可以使用情绪轮盘。

你即将听这首歌了，请确保当你听时，真正去听节奏、歌词、音乐……所有的一切。

- 排除其他一切，专注于这首歌。
- 听完这首歌后，拿出笔记本，记下你当前的心情和情绪。
- 听完这首歌后，发生了哪些变化？

你是发现自己跳上跳下、跳舞，甚至准备加入摇滚，还是这首歌让你进入一种放松或平静的状态？音乐只是能够即时改变我们情绪和行为的众多事物之一，所以开始注意你在听什么以及它如何影响你。

自我安抚策略

到现在为止,你已经听过"自我调节"这个术语足够多次,你知道它是什么意思(我们管理情绪和行为的能力),以及它是情商的重要组成部分。我是说,如果我们学习了所有的觉察技巧,却不加以应用,那又有什么意义呢?但你可能不知道的是,有时候我们需要谨慎选择自我调节的方式。

根据情绪、心情和环境,我们可能更喜欢一种自我调节工具而不是另一种。事实上,我们甚至可能发现某些自我调节工具会使情况变得更糟,而不是更好。你还记得"基础技能1"中学到的三个工具(提示:情绪标签、休息一下和正念)吗?我从这三个工具开始,因为无论你的情绪、心情和环境是什么,它们通常都是有帮助的;但有些则不是。

在本节中,我们将专注于两个在你需要自我安抚时有用的工具。你怎么知道什么时候需要自我安抚工具?当你经历的情绪或心情无法被问题解决,并且无法通过言语、逻辑或推理回应时(Pittman and Karle 2015)。对自我安抚工具反应良好的情绪和心情包括(但不限于):受伤、批评、沮丧、尴尬、自卑及孤独。你可能会发现自我安抚工具对其他情绪和心情也有效,所以确保练习,以便知道什么对你最有效。

想象一下,你感到悲伤,但不知道为什么。当你试图找出是什么让你如此悲伤时,你找不到任何实际值得悲伤的事情。然而,你觉得自己快要哭了,喉咙里有哽咽感,精力低下。或者,你可能正在经历焦虑,感到紧张和不安。当你思考时,你意识到你对另一个地方的飓风感到焦虑,你的亲人不得不撤离。你感到无助,因为无法改变现状,不知道如何改变情绪。

这是自我安抚工具派上用场的时候。当你想到自我安抚时,我希望你想象安抚一只你家刚从收容所领养回来的狗。如果你新来的狗害怕吸尘器、搅拌机或家里其他的响亮东西,你不会说:"哦,别担心,亲爱的德里。那只是爸爸在厨房里做奶昔,很快就好了。"不!你知道当你的狗感到焦虑时,你无法通过理性或谈话来安抚它。相反，你可能会坐在小德里身边，轻轻地抚摸它的背，低声在它的耳朵里说安慰的话，直到它停止颤抖。节奏感的动作、温和的声音和轻柔的触摸，都是自我安抚的工具。

自我安抚工具

以下是我最喜欢的两个自我安抚工具，你可以在下次感到有不喜欢的情绪且无法解释为什么时开始使用。这些工具不是用来转移注意力，而是用来调节情绪的。因为当我们情绪失调时，我们更可能做出糟糕的选择，陷入不健康的行为（如吸烟或饮酒），并以消极的方式回应他人。

节奏感或轻柔的动作

还记得可爱的德里吗？它在轻柔的抚摸和安慰的声音中安静下来。你可能更喜欢轻轻梳理头发或听舒缓的音乐。节奏感的动作还包括在摇椅、秋千或吊床上摇摆，甚至玩悠悠球或弹力球也有效。如果你没有这些东西，可以试着轻轻地抱住你的肋骨区域，左右摇摆。任何提供缓慢、轻柔、节奏感的动作都有效。

使用节奏感的动作来冷静、暂停、缓和或安抚自己。节奏感的动作有助于在中枢神经系统兴奋时（无论是好的还是坏的）冷静下来（Staras, Chang, and Gilbey 2001）。当更多地调节中枢神经系统时，我们会以更健康和更有效的方式回应。假设你感到不安全，你试图给自己打气，但这让你感觉更糟。你决定尝试一个有节奏的动作，走到附近的公园，坐上秋千。你开始缓慢地左右摇摆，甚至不把脚离地。但当这样做时，你注意到自己感觉不同了——不安全少了，更加平静。你加快速度，开始更剧烈地摇摆，抬起脚离地，摆动双腿。前后摇摆的动作很有帮助，很快你就忘记了最初把你带到公园的原因。你走回家时，感到精神焕发、充满活力。

有节奏的呼吸

无论我们是否愿意，当感到压力时，我们的呼吸会发生变化，变得更快、更浅。但当我们有自我觉察时，我们会注意到这些自然发生的生理变化，并选择改变它们。安德鲁·韦尔（Andrew Weil）博士是一位自然和预防医学的从业者，他开发了我最喜欢的呼吸技巧，这种呼吸技巧叫作呼吸放松练习。你可以通过以下网址找到它：https://www.drweil.com/health-wellness/body-mind-spirit/stress-anxiety/breathing-three-exercises。它简单易行，可以在任何地方进行。最重要的是，它有效。像任何呼吸技巧一样，我们希望通过鼻子吸气，通过嘴巴呼气。

- 通过鼻子吸气 4 秒钟。
- 保持 7 秒钟。
- 通过嘴巴呼气 8 秒钟。

这就完成了一个循环，做 3～5 个循环来调节自己。

情绪检查

现在，你已经真正学习和思考了你的情绪，我们希望继续保持这种势头！为了做到这一点，你将开始进行情绪检查。**情绪检查**正如其名——你是在对自己的情绪状态进行检查。你可以检查自己的当前情绪状态和心情。当你刚开始时，最好在清醒时每小时进行一次情绪检查。之后，你不需要那么频繁地进行。你可能想设置一个提醒或备忘，让手机每小时响一次，以便你记得这样做。

请根据以下步骤进行情绪检查：

- 看看情绪轮盘，说出你现在的情绪是什么，并把它连同时间和日期一起记录在笔记本里。
- 再看一遍情绪轮盘，识别你的心情，并把它连同时间和日期一起记录在笔记本里。
- 你现在的情绪和心情是否一致，它们是相似或者相互补充的？或者，它们有很大的不同，似乎是相反或相互冲突的？请写在你的笔记本里。

随着时间的推移，你可能会开始注意到你的情绪、心情和日程安排之间的模式。当你更好地识别自己的情绪和心情时，可以开始减少做情绪检查的频率。也许，你可以在每一餐时都这样做，让它成为一个容易记住的习惯。或者，你可以每天早上醒来时和睡前记录，并同时进行情绪检查。无论哪种方式，确保你每天花时间注意自己的情绪。

基础技能 3

对想法的自我觉察

干得好！你正在成为识别、理解和改变情绪的专家，这意味着是时候检验这些想法了。在情绪觉察中，你学会了如何注意和识别自己的情绪，而想法觉察则是指你注意和识别自己的想法。对想法的自我觉察，意味着知道哪些想法在你的头脑中循环，以及哪些想法真正值得你关注。

请注意这包含了两个部分：① 觉察到自己的想法；② 知道哪些想法值得被关注，哪些应该被忽略。虽然做到这两部分都可能有难度，但相关技能可以被培养。你可能会发现自己觉察到了自己的想法，但往往会被那些让你感觉不好的想法所困扰。或者，你可能发现自己并没有觉察到自己当下的想法，只是知道自己感到心烦意乱；然而，经过反思，你就会意识到自己在心烦意乱时想什么。无论你处于哪个阶段，下面的内容都会对你有所帮助。

在建立对想法的自我觉察能力时，练习觉察想法的能力和了解哪些想法会吸引你的注意都很重要。如果你只练习觉察自己的想法，而不知道哪些想法会吸引你的注意力，你就会迷失在所有的想法中。（还记得"基础技能 1"中，女王大学的研究人员指出，平均每人每天会有 6 000 个念头吗？如果我们关注每一个想法，就没有时间做其他事情了。）除此之外，你很可能最终会把注意力放在那些不值得你花费精力的想法上——那些没有事实依据的想法，或者那些你不会对你在乎的人提起的想法。因此，我们不仅要觉察到你的想法，还要认识到哪些想法是有益的，哪些想法是有害的。因为我们知道，没有调节的觉察会导致**反刍**（陷入负面想法），所以我们还会添加一些基于想法的自我调节工具。

对想法的觉察是**认知行为治疗**（cognitive behavioral therapy, CBT）的关键一环，CBT 是一种有效且应用广泛的循证疗法。CBT 的基本假设是，想法、情绪和行为都是相互联系的。作为一名心理学家，我在与许多来访者的工作中都使用了 CBT，我非常关注情绪和行为背后隐藏的想法。因为我知道，如果我们能改变这些想法，情绪和行为也会随之改变。

无论我们是否在运用 CBT，想法觉察都能让我们很好地了解想法对我们感受和行为的影响。一旦有了这种理解，我们就会知道哪些想法应该被保留，而哪些又应该被放弃。结合下面的案例，让我们来详细分析一下。

> 迈克尔正准备参加高中棒球队的选拔赛。他去年在新生棒球队打球，希望今年能跳过预备校队，直接加入校队。当走进更衣室时，他想起了昨晚妈妈对他说的话："只要专心打球，其他什么都不要管，不要管别人的表现，只要管自己就好。"但当他转过拐角，看到其他球员时，他想到他们都比自己强，而自己今年绝对进不了校队。他注意到自己心里紧张不安，并感到一阵恶心。其他球员跟他打招呼，他几乎不回应。相反，他在想，如果他进不了校队，他们会怎么嘲笑他。当其他人在边说笑边热身时，他一个人站在一边。去年的新生教练喊他："迈克尔，很高兴看到你今年又回来了！"迈克尔心不在焉地回过头挥了挥手，然后迅速把目光转向了地面。

请拿起你的笔记本。我们将以迈克尔为例，引导你完成这项练习，你可以根据下面的提示或问题写下属于自己的内容。

想一个你最近遇到的让你对自己的处理方式不太满意的情境。也许，你没有按照所想的方式做事，或者处理的方式让你觉得后悔。在笔记本中简要写下情境，不要写细节、感受、想法、评论或批评。对迈克尔来说，他的情境是棒球队选拔赛。

当时你有什么想法？试着把自己放回到当时的情境中，找出当时脑子里在想些什么。你可能需要停下来好好思考。回想自己的想法可能很难，特别是如果你不习惯这样做。慢慢来，你也可以回想你当时在想什么，然后把这些想法写下来。迈克尔的想法是，其他球员都比他强；他永远也进不了校队；当他进不了校队时，别人会嘲笑他。

在当时的情境中，你体验到了什么感觉？将自己置身其中，试着真正感受当时的情绪。你可以列出情绪和身体感受。你的想法是如何影响感受的？迈克尔的感受是心里紧张不安和恶心。

你的行为是怎样的？你的想法和感受对行为有什么影响？运用你的观察能力，记下你是如何受到影响的；在这里，你不是在评论或批评自己。你只是一个为了学习回顾过去的观察者。你是否因为自己的感受或想法而回避了某些事情？你的行为是否变得不友善？你做了什么可以被认为是你的想法或感受直接导致的结果？在笔记本里写下这些内容。对迈克尔来说，他的想法和感受导致他在热身时对其他向他打招呼的球员视而不见，而且他对去年的教练的回应也少之又少。

让我们把迈克尔的故事改写成他一直在努力提高自己的情商，即他觉察到了自己的想法和想法对自己情绪的影响，他知道如何在必要时改变自己的想法。

> 迈克尔正准备参加高中棒球队的选拔赛。他去年在新生棒球队打球，希望今年能跳过预备校队，直接加入校队。当走进更衣室时，他想起了昨晚妈妈对他说的话："只要专心打球，其他什么都不要管，不要管别人的表现，只要管自己就好。"他感到焦虑，并注意到自己的心里紧张不安。他转过拐角，看到其他球员时，决定开始想他现在所知道的真实情况。他集中精力回忆自己最近练了多少球，作为一名球员成长了多少，以及他能做的就是尽力而为。他提醒自己，无论最后加入哪支球队，他都会没事的。他感觉不那么紧张了，准备好和其他球员一起换衣服。当别人开玩笑时，他听得津津有味；当别人取笑他时，他哈哈大笑，甚至也加入其中。当去年的教练喊他时，他会露出灿烂的笑容，向教练挥手。

请再次拿起你的笔记本。我们将进行与之前相同的练习，但会有所变化。我们将再次以迈克尔为例，但是请根据你自己的信息回答下面每个问题。

使用上一个练习中的相同情境，再次在笔记本中简要写出来。对迈克尔来说，他的情境是棒球选拔赛。

这一次，让我们改变想法。哪些想法会让你更自信？哪些想法会让你更加勇敢、无畏、平静或满足？你可能需要停下来好好想想。要改变我们的想法可能很难，但真的要试着把自己放回到当时的情境中，必要时想想最好的朋友、父母、教练或老师。他们当时会对你说什么来帮助你渡过难关？这些话可能会成为你的新想法。或者，你也可以像迈克尔一样，考虑一下你自己知道的真实情况。迈克尔的想法是，他最近练了很多球，他已经成长为一名球员，只需要尽自己最大的努力，无论最终加入哪支球队，他都会没事的。

你的感受会因为你的新想法而发生怎样的变化？你可以列出你的新情绪和身体感受。迈克尔感觉不那么紧张了，并感觉更加有准备了。

你会有怎样的行为？你的新想法和新感受会对你的行为产生什么影响？你会因为新的感受或想法而做一些勇敢或大胆的事情吗？你的行为会格外友善吗？你的想法或感受会直接导致你做什么？请写在笔记本中。对迈克尔来说，他的新想法和新感受使他与其他球员开起了玩笑，并以友好的方式回应了去年的教练。

回顾你在第一个记录中的感受和行为，并与这个新的记录中的感受和行为进行比较。你的感受有什么不同？你的行为有什么变化？迈克尔感觉不那么紧张了，表现得更自信了。

当我们审视这两个不同的练习时，就不难发现我们想法的力量。你看，并不是这两个练习中的情境导致迈克尔或你产生某种感受或做出某种行为。在这两个例子中，情境是一样的，是想法起了作用。对迈克尔来说，当他将自己与其他人进行比较，并想到自己无法入选队伍时，他就会感到焦虑不安，并远离他人，表现得更加不自信。但是，当他专注于自己能力的真实情况时，他就能够不那么紧张，并以积极的方式与他人交往。虽然这两个练习可以简单明了地证明我们想法的力量，但遗憾的是，当我们处于事件当中时，很难看到这些力量。不过别担心，我们接下来会深入探讨这个问题。

识别想法

除了他注意到的那些想法之外，迈克尔的脑子里可能还有很多其他想法；然而，其他想法可能对他的感受和行为影响甚微。一般是这样的：我们有很多想法，但这些想法对我们的感觉或行为没有任何影响，所以我们并不需要关注这些想法。举个例子，迈克尔可能在想他在课堂上学到的东西、他无意中听到别人说的话、周末计划，甚至可能在想他正在看的连续剧接下来会发生什么。但由于这些想法都不会让他产生强烈的情绪，也不会让他做出不同的行为，所以他可能几乎都没有注意到它们。

但也有一些想法会让我们感到紧张、兴奋、被评判、被爱、失望或乐观。这些想法会使我们孤立、回避、示好、放弃、坚持、封闭或发声。无论是有益的还是有害的，只要是影响我们的想法，都是需要被注意的。这些想法要么会推动我们前进，要么会阻碍我们成为让自己骄傲的人。起初，我们可能需要回顾过去，找到产生感受和行为的想法。这意味着我们要关注自己的感受和行为，然后弄清楚我们什么想法会引起这些情绪和行为。

当你刚开始建立对想法的察觉时，你要对自己的感受和行为提出疑问，以找到背后的想法。以下是一些想法分类，可以帮助你识别想法类型。

- **激励性想法**：促使我们走出舒适区，激励我们去做一些具有挑战性的事情；为我们加油，启发我们，告诉我们可以实现自己的目标。
- **指导性想法**：听起来更像是教练、老师或家长，给我们指明方向，提醒我们当下需要做什么；它们甚至可以是技术性的、逐步的说明，告诉我们该怎么做。
- **事实性想法**：包括那些我们可以用可靠、客观的证据来支持的想法（基本上，这些想法在法理上是站得住脚的）；可能是关于最好朋友的生日、牙医预约、在课堂上学到的东西，或者应该在打完网球后去接妹妹。
- **批判性想法**：包括对他人或自己的无情和谴责的想法；这些想法是主观的，很容易受到他人的质疑。
- **评判性想法**：包括苛刻的自我评价，有点像内在的恶霸，还包括对他人进行残酷或严厉的评判。
- **叙述性想法**：包括谈论你在做什么，或者告诉你下一步该怎么做的内心声音；想想电影中的旁白，我们的脑海中也会有这样的声音。
- **观察性想法**：是指你观察某人或某事时注意到新的信息；也许你会注意到他们的口音、肢体动作或新发型。
- **随机性想法**：通常不会对行为或感受产生影响；这些想法在我们的脑

海中不断重复，却不会改变任何事情，如对正在看的连续剧的想法、在大厅里听到的事情，或者本周早些时候做的一个梦。

不断变化的想法

既然我们已经学会了如何识别自己的想法，我们就需要弄清楚如何重构有问题的想法。否则，我们只会埋没在无益的想法中，无法做真正想做的事情。认知重构只是换个角度思考问题的一种花哨说法。听起来很简单，但做起来却很难。试想一下，当感觉你对某件事百分之百确定的时候——也许是朋友对你发火了，也许是你考试失利了，也许是你要被炒鱿鱼了；而你生活中的某个人却试图让你换个角度看问题——也许他指出了用另一种方式考虑你朋友的行为，也许他指出你以前从来没有在那门课上考砸过，也许他指出你工作中犯的错误并没有你想象得那么糟糕。但你对自己的想法是如此肯定，以至于你无法被说服。直到你第二天见到朋友，看他们又恢复了正常；你拿回了试卷，发现自己远远超过了不及格线；或者，经理想要你第二天多工作几个小时。你突然意识到自己是多么愚蠢和错误！

重构的意义在于，在你真正获得任何解决方法**之前**，先了解对现状的另一种思考方式。重构可以防止大脑完全失控，把我们带入一个黑暗的地方，感觉没有人喜欢我们，我们永远无法毕业，或者再也不会有人雇用我们。它让我们有机会考虑其他可能性，并为我们提供了看待问题的不同视角。

重构可以在他人的帮助下进行，也可以自己进行。你可能会发现，朋友、伴侣或家人非常擅长帮助你进行认知重构。又或者，你有一位教练、治疗师或老师，他能温和地指出看待困境的新方法。他们都是值得长久交往的对象，能帮你认知重构的人都是你的支持者。花点时间想想谁能帮助你重构无益的想法，并在你的笔记本中列出一个清单。当你被负面想法压得喘不过气来的时候，这些人是你可以首先去找的人，他们是你摆脱消极想法和思维反刍的向导。

我们不能总是指望别人来帮助我们进行认知重构。有时他们没空，有时我们需要当场快速地进行重构；大多数情况下，我们需要自己来做这件事。最终，你会希望自己能够进行内部重构，但在刚开始学习如何进行认知重构时，可以进行外化的练习，并将其写出来。你可以马上进行尝试。让我们先看看一个例子：假设你完全确定朋友在生你的气，因为他们在午餐时几乎没和你说过话，这时候你发现自己需要进行认知重构。你拿起一张纸，进行头脑风暴，想出其他的方式来理解现在的情况。你会想到最好的情况是什么，最坏的情况是什么，以及别人会如何看待这种情况。你可能会写下：① 他们今天过得很辛苦；② 他们心情不好；③ 他们有了喜欢在午餐时聊天的新朋友；④ 他们有很多心事；⑤ 他们决定不再想和你做朋友。接下来，你要思考所写下的选项，并选择看起来最有可能的一个。也许，你决定选择选项①，因为你确实没有其他证据证明朋友在生你的气，而且你们已经是老朋友了，你知道他们不会因为有了新朋友就放弃你。你还考虑到他们现在正在上一门很难的课，而且现在是期中，这时候他们往往会更紧张。你圈出选项①，划掉所有其他选项，然后重复对自己说，再说一遍。现在，你可以假设选项①是正确的，然后继续你的一天。你刚刚重构了自己的认知！

想一想你感到困惑、沮丧或不安的事件，然后尝试进行外化的练习。也许，有人说了什么让你不高兴的话，或者有什么事情没有如你所愿。试着想想过去两周发生的事情，拿起笔记本写下来。

进行头脑风暴，想出 3～5 种不同的想法来理解这些情境。这里有一些开始思考的方向：

- 对方可能有什么事情？
- 中立的观察者会如何看待这种情况？
- 你能从中学到什么？
- 你拥有哪些能力可以帮助应对这种情况？

- 在目前的挑战中，你能控制什么？
- 你的感受如何帮助解决问题？

圈出证据最充分的选项。根据你现在掌握的信息，哪个选项看起来最可信？把这个想法写在自己的纸上，当你的旧想法出现在脑海中时，就对自己重复这个想法。

随着时间的推移，你将能够在内心完成这项工作，而不需要写下备选方案。你可以在脑海中想出各种备选方案，然后选择最合理的方案。

改变自我对话

我们的许多想法都可以被视为一种自我对话。与其他类型的想法一样，我们的自我对话对感受和行为有着巨大的影响。

随着越来越了解自己的想法，你很可能会注意到自己有多少自我对话。（还是只有我这么想？）大多数人整天都在自我对话，而且大部分都是消极的。人类天生就喜欢挑剔，喜欢评判，喜欢发现问题或可能出错的地方。想想原始人的生活状态，他们谨慎地进入新环境，寻找随处可见的危险迹象。他们还必须挑选自己吃的食物，以确保安全，警惕可能想伤害他们的陌生人或动物，并且极其小心地在各种环境中穿行，以便生存下去。这么一想，一切就说得通了。尽管我们没有面对他们那样的危险，但大脑还是那样的高度警觉。

自我对话会对我们的行为产生巨大影响。事实上，专业运动员花费了大量时间学习如何改变自我对话，以便取得更好的成绩。在一项针对258名女子体操运动员的研究中，研究人员发现，当运动员进行积极的自我对话时，表现会更好；而当进行消极的自我对话时，表现则会更差（Santos-Rosa et al. 2022）。基本上，当体操运动员想着"我准备充分"而不是"我想退赛"时，他们的表现会更好。虽然这显而易见，但如果你关注自己的想法，可能会意识到，当你在做一些重要的事情时，比如考试（"我一定会考砸的"）、在别人面前表演

（"我听起来很蠢"），或者在接触新朋友时（"我今天看起来很糟糕"），你经常会进行消极的自我对话。现在你知道了，这些想法会让你更有可能遭遇消极的结果。既然知道了这些信息，你就可以扭转局面了！

扭转局面，改变自我对话，并不意味着我们要想出一些非常积极的话来代替。事实上，这样做会让我们感觉更糟糕。如果你试图说一些你并不真正相信的话，大脑最终会试图克服这种怀疑，导致你钻牛角尖，更加相信原来的想法。相反，改变自我对话意味着想出一些比原来的想法更符合事实的东西。与其说"这次考试我一定会不及格"，不如改成"我上课一直很专心，也很努力地复习了"。注意，你并没有说"我一定会考一百分"，因为如果你并不相信这句话，你现在就会感到比以前更大的压力。你只是修改了自我对话，以便更准确地反映实际情况——"你上课一直很专心，学习也很努力"。你知道这是真的，所以大脑也不需要努力地克服任何怀疑。

上述研究中的体操运动员通过改变自我对话来提高运动成绩，你也可以通过做同样的事情来改变自己的情况。改变自我对话可能需要练习，无论开始时感觉有多难，改变自我对话的内容都是可能的。只要你对自己有耐心，注意消极的自我对话，写下你的新自我对话语句，然后选择一个你最相信的语句。你做得越多，就会越容易。很快，你就不需要写下来了，因为你会马上在内心想出这些语句。

还记得在认知重构时，你必须针对某种情况提出 3～5 个替代想法吗？在构想新的自我对话时，你也可以使用同样的数字。请拿起笔记本，想一想你最近的一些消极自我对话。可能是与朋友在一起时、在俱乐部或运动会上、在学习或考试时、在工作中，或者在尝试新事物时突然出现的。它们可能是你在做某件事情时出现的语句，也可能是你在准备做某件事情时想到的语句。

- 在笔记本中写下消极的自我对话语句，可以是关于某个具体情境的，也可以是关于你自己的。

- 构想 3～5 个更现实、更能准确反映情况的新语句。例如，你的消极自我对话陈述是："我在全班同学面前演讲时，声音会很难听。"在想出新的语句时，你可以想：① "我为这次演讲做了非常认真的准备"；② "我的演讲通常都能得到很好的反馈"；③ "我能集中在内容上"；④ "在我和爸爸妈妈练习时，他们说我的声音很好听"；⑤ "我在做演讲时，会专注于幻灯片"。
- 在思考了你构想的新语句后，选择对你来说最准确、最可信的那一句。
- 反复重复这句自我对话，把它写下来，让它成为你在特定情况下或所有情境中的首选想法。

觉察想法的工具

请记住，觉察只能帮我们一部分，我们还必须能够调节。让我们深入探讨一些练习觉察想法的方法，以及管理具有挑战性想法的自我调节工具。

写日记

写下我们的想法、感受、梦、目标、人际关系及未来，是建立自我觉察的好方法。写日记可以让我们发掘自己，而这种方式发掘的成果比仅仅谈论自己的想法更持久。写日记是一个非常有价值的工具，许多心理治疗师都把它作为来访者的"家庭作业"。

以下是供你参考的写日记过程：

- 找一本空白笔记本或日记本，它不需要太花哨，但如果你想的话，可以加上一些属于你的风格。
- 选择每天写日记的时间（早上第一件事、下午一回家、睡觉前……），然后把日记本或提醒你写日记的便签放在这段时间内能看到的地方。例如，如果你决定每天早上第一件事就是写日记，那就把日记本放在闹钟旁边，这样你一起床就能看到它；或者，如果你担心兄弟姐妹会偷看，就在桌子上贴一张便条，提醒自己写日记，这样你就知道下午回家时要从你藏日记本的地方把它拿出来。
- 将计时器设定为 10 分钟，然后在这期间写下你想写的任何内容。例如，你可以写自己的一天、昨晚做的一个梦、与朋友的争吵或为自己设定的目标。你唯一需要遵守的原则是，你不要因为写了什么而对自己进行评价，也不要担心错别字、标点符号或语法问题。

我鼓励你每天写日记，让它成为一种习惯，成为你生活的一部分。如果你觉得每天都写太麻烦，那就选择一个看起来可以做到的频率。也许你一周写 3 次日记，或者每周日晚上写日记。最重要的是，你要写日记，无论一周写几次。

肯定

肯定是一种情感支持或鼓励的简单陈述。然而，并非所有的肯定都是一样的，它们的效果也不尽相同。诀窍在于你需要相信这些肯定，否则就会产生相反的效果。（这就像我们讨论过的自我对话，你需要把消极的自我对话转变成更现实、更准确的语句，而不是过于积极和难以置信的语句。）例如，如果你因为一个人走进几乎不认识任何人的派对而感到紧张，那么肯定地说"我可以在紧张的同时认识人"会比"每个人都会马上爱上我"更有效，因为它更能让你的大脑相信。

在笔记本中列出一份肯定语清单，并在未来几周以此鼓励和支持你。你可以列出几个通用的语句，这样你就可以在多种情况下使用同一句话。请你试着想出至少 5 个肯定句。

逻辑与推理

如果你的感受或想法很容易变成语句并用语言清晰地表达出来，那是一件很好的事情。你很清楚是什么在困扰着你。也许你刚刚和爱人吵了一架，或者没有得到你真正想要的工作，又或者你无法决定选择哪所大学。

- 从回答这个问题开始："现在什么情况让我感到不安、焦虑或烦恼？"回答时要具体，并添加细节；不过，不要超过 2～3 句话。
- 接下来，写出当时的情况给你带来了什么感受（必要时使用情绪轮盘）。
- 写下由这种情况引起的想法，并尽可能多地列出你想到的想法，然后在其中圈出一两个最强烈的想法。
- 现在想想你圈出的想法，针对每一个想法，想出三个理由来解释为什么这个想法不是真的。你可能需要深入地思考，如果遇到困难，想想你信任的朋友、父母、治疗师、教练或老师会提出什么理由。

让我们举个例子：假设你的情况是没有得到真正想要的工作。

情境：	我收到了商店的回复，他们雇用了其他人来做我非常想做的那份工作。

接下来，你要考虑自己的感受。

感受：	悲伤、失望、沮丧、尴尬、嫉妒。

现在，你专注于自己的想法。

想法：我一定是把面试搞砸了。

要告诉大家没得到这份工作，可真是太难了。

现在我得去找别的工作。

目前还没有类似的工作。

你要考虑哪种想法最强烈，并确定一两种。

想法：我一定是把面试搞砸了。

~~要告诉大家没得到这份工作，可真是太难了。~~

现在我得去找别的工作。

目前还没有类似的工作。

现在，你有了一两种最强烈的想法，你要找出三个原因来解释为什么这些想法不是真的。我们仅以第一个想法为例："要告诉大家没得到这份工作，可真是太难了。"你可能更容易想到第一个原因："我知道妈妈会非常同情我，她知道我有多想得到它，她会安慰我的。"但是，你可能会发现想出后面两条的时候非常有挑战性，你可能得想想妈妈会怎么说。你决定想："朋友们也经历过失望，所以他们不会评判我；我不必向全世界宣告我的情况，我可以就告诉最亲近的人。"

很好，你建立了对想法的自我觉察，并练习了这些基于想法的自我调节工具！在你努力重构情境，改变自我对话，使用日记、肯定、逻辑与推理等工具时，请善待自己。改变想法需要时间，你需要对自己有耐心。在下一基础技能中，我们将重点讨论行为问题，等你准备好了，我们在那里见。

基础技能 4

对行为的自我觉察

自我觉察还有一个重要的组成部分——行为觉察。对行为的自我觉察不仅包括审视我们的行为，还包括理解行为、想法和情绪之间的关系。正如你在上一基础技能中学到的，我们的想法会影响情绪和行为。而我们的行为也会影响想法和情绪，当我们思考把时间用在了什么事上以及这些事给我们带来的想法和情绪时，我们可以觉察到什么时候需要改变。当我们了解每天的小行动是如何累积起来并影响大目标时，就能知道日常习惯是在帮助我们实现这些目标，还是在阻碍目标的实现。

行为的自我觉察也意味着了解我们的行为如何影响他人，以及他人如何影响我们的行为。我们会知道自己的所作所为与周围的人有什么关系，也知道可能会给他们带来怎样的感觉或想法。我们也会了解他人如何影响我们自己的行为。

我们将在后文逐一探讨这些方面，当阅读完时，你将会更好地理解这一切意味着什么，以及如何利用对行为的自我觉察为自己的生活带来积极的改变。

情绪和行为一致

在《爱与工作》（*Love and Work*）一书中，作家兼科研人员马库斯·白金汉（Marcus Buckingham）于 2022 年写到，人们找到、遵循和投入于自己真正热爱的事业是多么重要。他指出，我们所热爱的事情会让我们变得独特，并让生活充满和谐、稳定和奉献。当我们知道思考哪些目标最能让我们高兴，就能找出最符合自己价值观和期望的目标。当我们这样做的时候，就会大大增加达成目标的机会。

是什么让你高兴？想想你想要完成的事情，以及你最兴奋的事情。不过，在回答这个问题之前，要知道人类倾向于追求眼前利益，很容易忘记自己真正渴望的大目标。换句话说，我们更倾向于把时间花在当下感觉良好的事情上，比如狂看一部剧，而不是专注于那些能让我们更接近自己想要实现的大目标的小行为（如为了在 6 个月内完成马拉松比赛而早起跑步）。对我们大多数人来说，眼前的即刻回报让我们感觉美好，但并不能帮助实现最让我们兴奋的目标。

让自己的行为与情绪保持一致是一项细致而复杂的任务。这不仅仅是做让你百分之百开心的事，而是要了解大局，并从长远来看什么对你最重要。要搞清楚做什么能让你更接近所想要的生活，而什么又会让你远离它。了解你为自己设定的目标与父母、老师、教练、朋友或社会强加给你的目标之间的区别；它包括调节自己的情绪，隔绝外界的嘈杂。要做到这些需要时间，但你越练习本书中的内容，就会越容易做到这一点。

当你观察并理解自己的行为时，我希望你能思考一下自己在每次事件中的**感受**。在帮助人们找出自己所爱的过程中，马库斯·白金汉建议列出一个"爱它/恨它"的清单。在这个清单上，记录你的日常活动，并将每项活动简单地写在清单的"爱它"一边或者"恨它"一边（Buckingham 2022）。因此，这个练习将分为两个部分，第一部分是"爱它/恨它"清单，第二部分是反思。该活动的目的是帮助你找出真正喜欢做的事情，这样你就能在生活中做更多喜欢做的事情。

请按照以下步骤创建你的"爱它/恨它"列表。

1. 在一张纸的顶端写上"爱它"，在另一张纸的顶端写上"恨它"。
2. 三天内，无论你走到哪里，都要随身携带这些纸张。
3. 记录这三天里你喜欢做什么，讨厌做什么。如果你对某项活动没有特别强烈的感觉，那就不要写下来。
4. 在这三天的每一天结束时，写日记并思考这些问题：

- 今天，哪些活动让你感到精力充沛、精神焕发？
- 哪些让你感觉精疲力竭，好像浪费了很多时间？
- 当想到要开展哪些活动时，你会感到兴奋？
- 哪些活动让你害怕？
- 哪些活动能帮助实现一个让你期待的重要目标？

你可能会发现，在"恨它"清单上，有很多事情都是你必须做的（家务、课业、工作），因此你必须考虑这些事情与自己大目标的关系。例如，你可能讨厌写大学论文，但上大学对你来说很重要；或者，你可能讨厌整理床铺或洗衣服，但这些事情与你想成为一个有责任感的人或拥有一个干净的房间有关。将"恨它"清单的项目与更大的目标联系起来，能让你明白为什么它们在你整体生活中很重要。

日常习惯

在进一步讨论之前，我们先来看看安东尼奥的故事。

> 安东尼奥今年14岁，他刚刚开始暑假生活。在第一个星期里，他向父母讲述了自己的所有暑假计划——想经常和朋友们一起去公园玩，非常想学会如何在滑板上做360度空翻，想学习西班牙语，还想通过在父母和邻居们的院子里干活来赚钱。然而，他很快就养成了熬夜玩游戏的习惯，睡得很晚，以至于错过了和朋友们在公园里玩的机会，然后要在父母下班回家之前的短短几个小时内把家务活做完。吃晚饭时，他仍然觉得很累，没心思学西班牙语或滑板，结果又回到网上玩游戏。第二天，他又重复着这样的循环。暑假过半时，他发现自己没有做任何计划中的事情，感觉自己在浪费放假的时间。

在2018年出版的《原子习惯》（*Atomic Habits*）一书中，作者詹姆斯·克利尔（James Clear）写道："成功是日常习惯的产物，而不是一生一次的转变。"换句话说，这意味着我们每天的细小行动，而不是电影中看到的那种不朽的巨大事件，帮我们创造了有意义的改变，实现目标，或过上让我们自豪的生活。我们在生活中常常会忘记这一点，但记住它却是非常重要的。我们的日常行为累积起来，就会创造出令人自豪和兴奋的一天、一周、一月或一年；另一种可能是，这些日常累积起来，我们都记不清是怎么度过的，也不知道为什么没有去做自己想做的事情。

人们经常抱怨没有时间做自己喜欢的事情，但当他们进行**时间审计**（time audit；记录一天中所做的每一件事，以及在每件事上花费的时间）时，他们很快就会意识到自己有多少时间花在了时间杀手上。所谓"时间杀手"（time-sucks），指的是那些迅速吞噬我们时间的活动或关系，而这些活动或关系却不会为生活增添任何价值。我们很容易浪费时间，当一天结束时却发现自己没有做一件真正喜欢或需要做的事情。

曾经有一位青少年向我抱怨说，因为家庭作业，她没有时间和朋友在一起，但当她做时间审计时，她发现自己每天花在家庭作业上的时间只有 60 分钟，而每天放学后花在手机上的时间却有 5 个小时！她真的以为自己所有的时间都花在做作业上了，但她花在刷社交媒体和观看视频上的时间之多让她大吃一惊，甚至后来都想不起来这些。你知道吗？她的经历非常常见。

作为人类，我们非常不善于知道自己的时间是如何度过的，也不善于估计做事情需要多长时间。这不是青少年的问题，而是人类的问题。我们都有**认知偏差**（cognitive bias），这些偏差让我们不善于利用时间。认知偏差是一种心理捷径，它会影响我们的记忆、对事物的感知、推理及行动。认知偏差不是基于事实，而是基于个人经验，因此很可能是不正确的。例如，由于人类的一些认知偏差，我们会认为有些事情比实际情况更紧急，认为事情所需的时间比实际时间要短，认为当下的奖赏比未来的回报更好。

就像安东尼奥最初所做的那样，我们很容易陷入一种追求即刻奖赏，而不是去做可以给我们带来实质性进展的事情。因此，关注时间杀手和情绪是非常重要的，因为这样做可以帮助你避免落入陷阱。我们每个人都有自己的习惯，有的健康，有的不太健康，但当你对自己的行为有了更多的自我觉察后，你就会发现哪些行为会伤害你，你就可以开始积极地改变自己。稍后你将进行一次时间审计，帮助你识别自己的日常习惯、活动和时间杀手。

也许，你还不清楚什么是健康的生活习惯。那么，让我们来回顾一下。你可能还记得在引言所说的，澳大利亚研究人员发现了一种"心理疫苗"，它由促进抗压能力、幸福感和学习能力的习惯组成。这种疫苗由健康饮食、体育锻炼、休息和睡眠、乐观性、多样性和挑战性、与朋友的社交互动、学习新事物、重复、管理压力及自主决策组成（Ekman et al. 2021）。

在你明确自己生活中需要养成什么样的健康习惯的同时，了解如何让自己养成这些习惯也很重要。多项研究表明，相比于其他年龄段，13～17岁的青少年更容易被奖励所激励（Casey, Duhoux, and Cohen 2010）。如果你属于这个年龄段，那就想出一些奖励措施来激励自己。诀窍在于，你的奖励不应该是一个不健康的习惯或时间杀手，因为如果是这样，你就会为自己的失败埋下伏笔。

想一想，你每天都在努力增加运动量，并把看视频作为一种奖励。于是，你每天散步，回家后开始刷视频，虽然你也知道很难停下来。结果，你很晚才开始做作业，晚饭也不吃，实际上床睡觉的时间也远远超过了应该上床睡觉的时间。第二天放学后，你太累了，不想再去散步……

你看，我们偏离轨道的速度有多快？另一种方法是，制订促进其他健康习惯养成的奖励措施。也许你会告诉朋友，如果你本周每天都去散步，你就会和他们一起举办一次电影之夜（还记得吗，现实生活中的社交也是心理疫苗的一部分）。你还可以将自己喜欢的事物纳入其中，以激励自己。如果你喜欢狗，你可以问问邻居你是否可以遛他的狗，或者你把当地的狗公园纳入你的回家路线，这样你就可以在回家前看它们玩耍。发挥你的创造力，让你的习惯充满乐趣，这样你就更有可能坚持下去。

第一部分

花点时间反思一下你是如何打发时间的，回想一下"爱它/恨它"练习。你认为时间主要花在了喜欢的事情上吗？或者你认为浪费了很多时间？也许你觉得大部分时间都花在了不得不做的事情上，而不是你想做的事情上。

在这项练习中，不要翻阅你的计划表、手机、日历或电子产品，只需用你的笔记本凭记忆写下你是如何打发时间的。

- 在笔记本中，创建不同的类别，代表你日程表中的大部分时间，如学校、家庭作业、学习、工作、朋友、游戏、刷手机、视频（电影、电视、视频网站）、家人、运动及兴趣班。
- 在每个类别下，估算你每天在该领域花费的时间。
- 回顾并估算一下，你每周在该领域花费的时间。
- 最后，浏览一下你的清单，圈出你真正喜欢的活动——也许这项活动让你精力充沛、精神焕发，也许你还没开始就对这项活动感到兴奋，也许这项活动正在帮助你实现一个重要的目标。

现在，你已经为生活中的每个重要类别估算了每日和每周所需的时间，我们来看看你的估算准确度如何。

第二部分

在三个不同的日子进行时间审计。选择对你来说具有代表性的日子，而不是在尝试新事物或者非同寻常的日子。

- 在这三天里，无论走到哪里，都随身携带笔记本或一张纸，并在开始活动后立即记录下你所做的每一项活动，以及你开始活动的时间。
- **注意：请不要在此练习中使用手机！**我们很容易被手机分散注意力。如果你用手机记录时间，毫无疑问，你会被其他事情吸引而忘记记录（我是认真的，想都别想！）。我和太多来访者都经历过这种情况，所以我知道，即使你认为自己是那种能忍住不分心的人（相信我，你肯定不是，我也不是那种人，我还没有遇到过那样的人）。
- 完成后，写下结束时间即可。不要加数字，也不要注意记录的内容，就像平常一样过好每一天。
- 不要评判，不要翻看你的清单，也不要批评，你只是在收集数据。

- 一天结束时，在熄灯之前，翻看并计算一下你在每项活动上花费了多少时间。
- 类似于本练习的第一部分，创建类别（学校、家庭作业、学习、工作、朋友、游戏、刷手机、视频、家人、运动、兴趣班），并在每个类别中输入当天的总时间。

在三个不同的日子里完成时间审计后，回顾一下第一部分，在这一部分中，你估算了自己在不同领域花费的时间，并进行比较。请在你的笔记本上回答下面这些问题：

- 你的估算有多大偏差？
- 你更擅长估算哪些类别的时间？为什么？
- 哪些类别很难做到准确估算？为什么？
- 有多少时间花在了时间杀手上？
- 有多少时间花在了让你精力充沛的活动上，有多少时间花在了让你疲惫不堪的活动上？
- 有多少时间花在了让你兴奋的活动上？
- 有多少时间花在了能更接近让你兴奋的大目标的活动上？
- 你希望在哪些方面看到时间的增减变化？
- 你认为从明天开始，可以采取哪些不同的做法？

改变的影响

现在，让我们假设安东尼奥一直在努力提高他的情商。他明白自我觉察对于完成事情的重要性。他知道必须关注自己的感受，以确保设定的目标真正符合自己的愿望（情绪觉察）。他还知道，他需要审视自己如何度过时间，并评估这让他离目标更近或更远（行为觉察）。让我们重写他的故事，以反映他的进步。

安东尼奥今年14岁，他刚刚开始暑假生活。在第一个星期里，他向父母讲述了自己的所有暑假计划——想经常和朋友们一起去公园玩，非常想学会如

何在滑板上做 360 度空翻,想学习西班牙语,还想通过在父母和邻居们的院子里干活来赚钱。他**考虑**了自己对每一项任务的**兴奋程度**,然后列出**优先项**。他决定赚钱是首要任务,其次是完成 360 度空翻,再次是和朋友一起玩,最后才是学西班牙语。他用优先事项清单规划出实现每个目标所需的时间,并设定了**最后期限**。他还会考虑哪些事情可能会让他偏离自己的目标(电子游戏、刷视频、与一位总是喜欢抱怨的朋友交往),并**限制**自己每天做这些事情的时间。他甚至还决定,一旦赚到了一定的钱并学会了滑板,他将如何**奖励**自己。

现在,安东尼奥已经意识到目标的重要性,那么他的夏天会有什么变化?既然已经制订了实现目标的计划,他还会做哪些不同的事情?既然已经确定了哪些事情会让他偏离目标,并对这些活动设定了时间限制,那么他的时间规划会有什么不同?想想暑假过半时他的感受。(特别注意粗体字;在后面的目标设定策略中,你将学习如何做到这一点。)

当我们练习对行为的自我觉察时,我们就会意识到我们是如何花费时间的,包括花在我们并不引以为豪或根本不想做的事情上的时间。我们准确评估自己的时间使用情况,从而做出改变,使我们所做的事情真正符合自己的目标、兴趣或愿景。这听起来很简单,但如果你经常感到力不从心、压力过大,或者觉得自己没有在做对自己很重要的事情,你就会知道这项任务有多难。

我们的行为与他人的关系

了解自己的行为不仅仅是自己的事情,还需要考虑我们的行为如何影响他人以及他人如何影响我们的行为。毕竟,人类是社会性动物。我们依靠彼此生存,不管是否愿意,我们都会对彼此产生很大的影响。让我们通过梅森的故事来思考一下,我们是如何与他人互动的,我们又是如何通过自己的行为影响他人的。

梅森昨晚没睡好。事实上，他几乎没睡。他和朋友们发短信讨论朋友圈里发生的一些重大感情事件，完全忘记了时间。当听到妈妈叫他起床时，他注意到妈妈的声音听起来非常生气。他看了看表，发现已经很晚了，他意识到妈妈可能已经叫了他很久。他还记得妈妈要求他今天早上准时到校，虽然他已经记不清原因了，他只知道这真的很重要。哎呀！他匆忙下楼，穿了从地上捡起来的脏衣服，也没洗澡。妈妈看了看他，叹了口气，说：“如果你今天就想这样去学校，我不会阻止你。现在快点，你今天必须顺路送你妹妹，她不能迟到。她要参加管弦乐团的面试，我还要去参加一场大型会议。"糟糕，他想起来了！他的小妹妹已经在车里等着了，咬着指甲，眼睛里还噙着泪水。他很了解妹妹，知道她很焦虑，所以他试着安慰她：“我会准时把你送到的，别担心了！"她什么也没说，只是安静地坐着，把中提琴盒紧紧抱在胸前，每隔一分钟就看一次表。当他把她送下车时，她跑进了大楼，他为自己在这样一个特殊的日子里让她迟到而感到自责。

你认为梅森的行为对妈妈有什么影响？对妹妹有什么影响？你认为他们这一天会过得如何？如果梅森完成了上面的第一个练习，并发现帮忙做家事与他想要成为更负责任的人的这一价值观息息相关，你认为他没有尊重自己的价值观时会是什么感受？

不仅我们的行为会影响他人，就像我们在梅森身上看到的那样，我们的感受也会受到周围人的影响。在美国国家公共广播电台（National Public Radio, NPR）的《晨间新闻》（Morning Edition）节目中，记者艾利森·奥布里（Allison Aubrey）于2019年报道了耶鲁大学社会学家尼古拉斯·克里斯塔基斯（Nicholas Christakis）所做的研究。这项研究表明，情绪会通过社交网络传播。例如，如果我们的家人和身边的人都对自己的生活感到满意，那么我们快乐的概率就会高出25%。相反，周围人的愤怒和悲伤会让我们也感到愤怒和悲伤。例如，如果你是一名收银员，当与一位沮丧的顾客打交道，你更有可能在这次交往后感到沮丧。但关键在于，我们通常意识不到自己受到他人积极和消极情绪的影响。这发生在潜意识层面，被称为**情绪传染**（emotional contagion）。

不过，情绪传染并不只出现在现实生活或面对面交往中。克里斯塔基斯博士还记录了情绪是如何通过网络传播的。如果我们给住在国家另一边的朋友发消息表达悲伤，那么这位朋友现在也更有可能感到悲伤。如果我们在社交媒体上看到愤怒的帖子，即使并不认识发帖人，我们自己也更有可能感到愤怒。即使我们不认识作者，也不会直接和网上的帖子内容有所联系，我们仍然会被网上帖子影响。无论是否意识到，我们都会镜映出他们的情绪，我们的情绪状态也会随之改变。

上述研究阐明，情绪是如何通过网络传播的。我们还知道，13～18岁的青少年现在每天花1.5个小时使用社交媒体，考虑到他们还有更重要的事情，所以他们花费在此的时间是非常多的（Rideout et al. 2022）。基于这两点，我会让你做一次**社交媒体大扫除**。你听说过身体的大扫除吧？通常，人们会从饮食中剔除某些食物，看看自己的感觉如何。那么，我们也要在社交媒体账户和平台上做同样的事情。当我们改变或清除那些与价值观和目标不一致的事情时，就能更好地专注于那些与价值观和目标一致的事情。

稍后，你将有机会查看你最常用的社交媒体平台，并对它进行一些大扫除，但在此之前，我希望你花几分钟时间在笔记本上思考和回答下列问题。

- 列出你最常用的社交媒体平台，并在每个平台旁边留出空白。
- 在每个平台旁边的空白处，写下你每天在该平台上**估计**花费的时间。
- 现在快速浏览一下过去一周你的屏幕使用时间，写下你在每一个平台上**实际**花费的时间。（怎么看取决于你使用的手机类型，你可能需要查一下。）
- 针对每个社交媒体平台，写下你使用它的原因。是为了人际关系？为了学习？为了娱乐？为了产出内容？为了受到启发或激励？为了跟上潮流、时尚和八卦？为了工作？为了看看前男友在干什么（诚实点！）？如果原因不止一个，那就都写下来。如果你是为了相同的理由使用不同的平台也没关系。例如，你可能会同时使用"微信"和"小红书"与人沟通和娱乐。
- 想想你对不同原因的感受。哪些原因有利于你的心理健康？哪些是有害的？你需要做出哪些改变？例如，如果你使用社交媒体平台只是为了跟前任保持联系并了解最新八卦，那么也许你应该要么删除该平台，要么改变你使用它的原因。也许，你可以把理由换成用该平台来获得灵感。在清单上写上新的原因吧。
- 现在，你将逐一进入每个社交媒体平台。先从最常用的平台开始，看看你使用它的原因。将计时器设置为10分钟，然后开始清理，任何不符合你使用该平台理由的内容和账户都会被静音、取消关注或删除。假设你使用某个社交媒体平台来激励你的运动，你会取消关注那些不是运动员或教练的账户。你很可能无法在10分钟内浏览完所有推送内容或关注的账户，这也没关系。一旦时间到了，就转到下一个最常用的平台，回顾一下你使用该平台的理由，将计时器再设置10分钟，然后取消关注不适合的账户。接着，继续下一个，直到你清理完所有社交媒体平台。

下一次你访问每个社交媒体平台时，记住你使用它的原因，这样你就可以在浏览时继续清理。最终，你将只关注真正想关注的内容和账号。

当我们重写安东尼奥的故事时，你可能还记得一些粗体字。这些词在设定和实现目标的过程中非常重要——考虑、情绪、列出优先项、规划、限制时间杀手及奖励。对安东尼奥来说，更多地了解自己的行为有助于更好地实现目标。

设定目标

现在，是时候深入研究一下设定目标对你的影响了。想想你在前面的练习中写下的关于你的爱与恨的内容，想想你是如何受到他人影响的（想想情绪传染）。还要考虑你的时间审计和社交媒体大扫除。所有这些信息都将确保设定的目标适合你自己。

在阅读下面的内容之前，请先写出自己的目标清单。花点时间列出你在未来 6 ～ 12 个月内想要实现的目标。然后，你可以将每个部分和自己的清单对应。

考虑你的情绪

人们，尤其是青少年，倾向于做别人认为他们应该做的事情，然后据此设定目标。父母会告诉你哪所大学最适合你，朋友会告诉你应该和谁约会，教练会告诉你的长处和短处，老师会告诉你应该学习什么，社会也会告诉你什么是你的年龄、性别、种族、民族、体型等该做的。虽然其中有些反馈可能非常有用，能帮助你成长，但有些反馈却一文不值。

只有你自己知道你对目标的感受。 如果你设定的目标与别人认为你应该做的事情一致，但却与你的感受不一致，那么这些目标就会让你（以一种糟糕的方式）精疲力竭，而且极难实现。但是，如果你设定的目标能让你高兴，你就不会在乎实现这些目标的过程有多累或者实现起来有多难，因为这些目标会让你充满活力和动力（这是一种好的疲惫）。当你设定目标时，考虑一下你的情绪，确定你迫不及待要实现的目标。当你想象自己实现了列出的目标时，哪一个会让你想对全世界大喊"我做到了"并为之手舞足蹈？

确定目标的优先顺序

按顺序给你的目标清单编号，从最让你兴奋的那个开始。不要担心它有多么不切实际，也不要担心实现目标所需的所有步骤——根据情绪反应而不是其他任何因素来给这些目标排序。我知道，你在说这不可能，步骤太多，或者你的目标太大。但我们现在关注的不是这个。我们的重点是把它们按顺序排列，从最能让你高兴的那一步开始往下走。我们将在下一步讨论所有的努力，但现在，这一切都只是为了给目标排序，让你的目标与情绪保持一致。因为如果你不为实现目标而兴奋，那还有什么意义呢？

制订目标实现计划

这可能是最耗时的一步，也是你要反复推敲的一步。制订目标实现计划包括：写出实现目标所需的每一步，无论它看起来多么微不足道；为每一步设定截止日期；将截止日期输入日历或计划表。有些青少年喜欢跳过这一步（咳咳），但请不要这样做！没有这一步，你就像一艘没有帆的小船在漂流，没有方向，也没有办法让你保持航向。你将无法到达目的地，会变得沮丧，更不可能设定未来的目标。相反，你可以通过提前确定航向，确保自己是往目标方向前进。

让我们来看看这可能是什么样子的。假设你的首要目标是在一家兽医诊所实习。首先，在纸上列出步骤。兽医诊所对实习生有哪些要求？也许你知道，你需要一定的平均绩点（grade point average, GPA）、志愿者经验和处理特别难对付动物的能力；把它们逐一写下来。接下来，找出满足这些具体要求所需的条件，并列出一份清单，其中包括任何你需要的材料或他人的帮助。也许，你的GPA不尽如人意，所以你在清单中列出了加入学习小组、寻找家教，以及在课业上花费更多时间。例如，你已经有了志愿者经验，所以你可以从清单上划掉这个要求。但是，你没有处理特别难对付动物的经验，所以你可以决定联系当地的动物收容所，看看能否在那里获得一些经验。接下来，确定你实现每一步的日期。看看你需要做的事情清单（参加学习小组、聘请家教、花更多时间在学习上，以及联系动物收容所），想一想你什么时候可以做每一件事。例如，什么时候参加学习小组或与家教见面？你的日程表中哪些地方可以安排更多的学习时间？什么时候给动物收容所打电话？最后，把任务记在日历上，并在手机上设置提醒。在完成任务时划掉它们，或者在必要时把它们调整到日历上的其他时间。

下图展示了你可以根据自己的目标所采取的步骤。

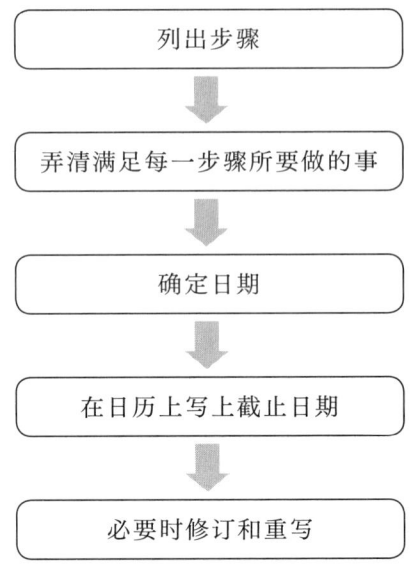

设定限制

还记得安东尼奥是如何考虑哪些事情可能会让他偏离目标,并限制自己每天做这些事情的时间吗?哪些事情会让你偏离正轨?什么是你的时间杀手?你发现自己总是因为什么事情分心?这些都是你实现目标的障碍,你需要知道它们是什么,这样才能在它们开始影响你的进度之前阻止它们。对安东尼奥来说,是电子游戏、视频,还有一个总是喜欢抱怨的朋友。对我来说,则是无意识地浏览社交媒体和某些视频网站节目。

一旦你确定了自己的时间杀手,就安排好允许自己做这些事的时间,并设定一个限制。这可能意味着把做时间杀手的事推迟到一天中的晚些时候,因为你知道要停下来有多难。或者,如果家人发现你在狂看一部剧,而不是看完一集就关掉,你可能需要请他们提醒你。如果你特别难以戒掉看剧,你可能不得不要求父母或室友更改视频网站账号密码或删除手机中的视频应用程序,从而彻底消除把时间花费在这些事情上。如果你有一个朋友经常让你偏离轨道,你可能需要忽略短信或微信，与他在有其他人在场的时候互动而不是独处，或者将你们的互动限制在每周一次而不是每天一次。

选择你的奖励

你已经了解了什么是有益的奖励，什么是无益的奖励，所以现在是时候创建一个列表，供你根据需要进行选择了。你可以为较难完成的目标设定较大的奖励，为较容易完成的步骤设定较小的奖励。我发现吃黑巧克力是完成较小步骤的最佳奖励，但我需要燕麦牛奶拿铁来作为完成较大步骤的奖励。尝试一下什么能激励你，看看什么最适合你。

呼！在"基础技能4"中，你做了很多工作。你分析了自己的行为，让行为和情绪一致，仔细检查了自己的时间使用方式，清理了社交媒体，并学会了如何设定目标。你还考虑了自己的行为如何影响他人和他人如何影响你的行为。花点时间消化这些内容，并将其应用到你的生活中，我们稍后再见。

哦，等等……还记得之前提到的"检查一下"吗？"检查一下"的目的是帮助你保持目标的正确性。在接下来的技能学习中，你将会看到**"检查一下"你的目标**部分，所以请紧跟着你的目标清单，你会经常重温它的。

基础技能 5

自我调节

到目前为止，你已经通过阅读本书建立了自我觉察能力。你可能对自己的情绪、想法和行为有了更多的觉察，希望你每天都能通过反思、记录笔记和书中提到的一些练习来提高自己的觉察力。但你需要知道一点，当人们的自我觉察过强而缺乏自我调节能力时，往往会反刍（陷入消极的想法中），感受到更多对压力的躯体反应，自信心也会降低。与此相反，当人们具有情绪觉察能力并善于自我调节时，就可以更快地从压力中恢复过来，对压力的躯体反应也会减少，并很快从负面想法中走出来（Salovey et al. 2002）。简单来说，只会自我觉察会让你感觉更糟，但当它与自我调节相结合时，你就能应对生活中的任何事情。

我们在前文中简单提起过自我调节的方法，下面我们将对其进行深入探讨。需要提醒大家的是，这里有很多信息需要消化，所以当你感到不知所措、疲惫或发现自己不再吸收书中内容时，一定要注意休息。我们将讨论："失调"是什么意思、如何识别你生活中的失调、发泄是否有助于调节、自我调节工具，以及如何建立复原力。只有当你有能力处理更强的自我觉察所带来的情绪时，自我觉察才会有用。所以，我们需要花一些时间来确保你知道该怎么做。让我们开始吧！

青少年有时会依赖被动的应对工具来进行自我调节。被动应对工具指的是逃避和放弃，而这些方法往往被认为帮助不大。这些工具包括酒精、大麻或其他物质。这些工具还包括手机、电脑、游戏、社交媒体、赌博或其他网络和电子设备。它们被用来避免情绪困扰或分散注意力，以摆脱情境或情绪带来的不适。使用被动的工具可以暂时缓解情绪，甚至可能会增加愉快的感觉，让人瞬间放松下来。然而，这些工具却会产生影响未来的棘手问题。一旦短暂的缓解结束，被动应对工具最终会让情绪上的不适变得更加强烈，因为它们剥夺了你处理痛苦和改善情况的机会。之后，你更有可能使用其他的被动应对工具，如此循环往复。

另一方面，主动应对工具被认为更有帮助，其包括帮助我们在高压情境下感觉更好的步骤。主动应对工具包括基础技能 1（情绪命名、休息、正念）、基础技能 2（有节奏的运动和呼吸）、基础技能 3（写日记、肯定、逻辑与推理）中涉及的自我调节工具，以及你将在下面学到的内容。当使用主动应对工具来处理情绪困扰、不适或压力时，我们就会知道我们有能力走出舒适区，解决困难，改善我们的内心和外部环境。主动应对工具能增强我们的能力，让我们改变环境、情绪、心情、人际关系及观点。试想一下，如果你能冷静地回应老板对你工作表现的批评，或者意识到考试成绩不理想并不是世界末日，你会怎样？当我们不允许周围的人或当前的环境左右我们的感受、想法或行为时，我们就掌握了主动权，就拥有了力量。这可是件大事！

失调的迹象

失调是对某种情境的过度情绪反应。例如，当朋友取笑你时，你不仅对他们阴阳怪气，而且对他们大吼大叫。当暧昧对象拒绝你时，你不仅会感到失望，还会扔东西。有人把情绪失调描述为喜怒无常或情绪波动。它也可能表现为情绪的急剧变化，比如从白天大部分时间情绪低落到晚上焦虑不安，再到睡前生气。情绪失调也可能表现为一系列持续的情绪爆发，比如因为恼怒而对朋友咆哮，因为不堪重负而啜泣，因为缺乏安全感而对伴侣短信轰炸。情绪失调会让你感到失控，影响你的人际关系、学习、工作及你对自己的感觉。情绪失调会让你看起来情绪失控——大喊大叫、哭泣、与朋友和家人争吵。它还会让人感到恐惧，产生自杀或自伤的念头（De Berardis et al. 2020）。

你可能很难知道自己对困境的情绪反应是否过度。有时，你必须依靠他人对你的看法或反应，或者信任的人告诉你的信息来判断。例如，你刚刚发现自己没有被心仪的大学录取，你的反应是大哭、对父母大喊大叫、责怪老师，然后摔门跑进卧室，趴在床上啜泣。父母给了你一些时间冷静下来，然后过来看你，发现你正躲在被子里刷手机，并说不上大学了。如果他们是了解情绪觉察和能自我调节的父母，他们很可能会告诉你，这是一种极端的情绪反应，你需要找到另一种方式来应对这个坏消息。他们甚至会建议你去跑步、做瑜伽、洗泡泡浴或听音乐。

如果你信任父母，你就会明白你现在处于一种失调的状态，需要以一种健康、积极的方式进行自我调节。你可能会决定使用他们建议的工具之一，这将帮助你冷静下来，并建立对当下情况的新想法。随着时间的推移，你会意识到，虽然没有被心仪的学校录取是一件非常遗憾的事情，但你还有其他的选择。你还可能会发现，失调的反应对情况没有任何帮助。事实上，它还会让一切变得更糟。

另一种判断情绪反应是极端还是正常的方法，是考虑你的反应对生活中重要领域的影响。假设你兼职所在的餐厅经理刚刚拒绝了你本周晚些时候请假的要求，而这一天你本打算和一群朋友去海滩玩。你非常需要这份工作，不能失去它。你发现自己在餐厅里暴跳如雷，还和同事说经理的闲话。但你很快意识到，你的行为可能会对工作机会产生负面影响，也就是说，你的情绪反应是极端的。你意识到自己需要自我调节。你去到洗手间，在那里练习有节奏的呼吸，并进行有帮助的自我对话。虽然你仍然为错过去海滩而苦恼，但却松了一口气，因为你及早发现了情绪失调的迹象，并进行了干预。

失调听起来很可怕，但它比你想象的要常见得多。大多数人，特别是青少年和年轻人，都会因为各种原因时不时地出现失调。例如，我们中有些人对环境非常敏感，这意味着噪声或温度的变化会是一个影响因素。其他人可能对自己的内心状态或人际关系很敏感，这意味着烦躁或与朋友的争吵会引起失调。无论如何，青少年和年轻人都比成年人更容易冲动（这是因为他们的**前额叶皮质**——大脑中帮助控制冲动的部分需要逐渐成熟），这意味着与他们以后的生活相比，他们目前更容易出现失调（Young, Sandman, and Craske 2019）。此外，虽然情绪失调很常见，但如果不知道如何调节极端情绪，就更有可能发展成为焦虑和抑郁。

逐步解析

让我们再仔细看看失调的迹象,这样你就能判断自己什么时候进入了这种给生活带来问题的心理状态。

- **暴怒**:包括大喊大叫、打人、拳打脚踢或破坏物品,还可能包括对他人说残忍的话。
- **无法控制地哭泣**:你发现自己无法停止哭泣,或者哭得很厉害,以至于让自己感到恶心。
- **与朋友或家人争吵**:尤其是无缘无故的争吵,可能是失调的一个重要标志;其他时候,你可能会发现他们说了或做了一些任何人都会感到不开心的事情,但你的反应却比平时的情况更加强烈。
- **自杀念头**:包括想死,或认为世界、他人或周围没有你会更好的想法。
- **自残行为**:是指人们有时会做伤害自己身体的事情,给自己带来直接的痛苦。
- **僵化或缺乏灵活性**:是指难以适应变化或过渡,也可能表现为完美主义或难以用新的方式思考。
- **不能照顾自己**:包括自己的个人卫生,如刷牙、洗澡或换衣服都无法自理,还包括整天不吃饭或只吃垃圾食品,以及睡得太多或太少。
- **限制食物摄入**:是指一个人在没有健康专家的指导或建议下限制食物摄入量;而暴食则是指一个人过度摄入食物,然后催吐。
- **使用或滥用物质**:包括大麻、酒精或其他药物,还包括未遵医嘱服用处方药。
- **持续的易怒**:看起来就像总是脾气暴躁、感觉紧张或神经紧绷,或者稍有不便或不高兴就会大发雷霆。

发泄与否

与他人分享情绪或发泄情绪是一件好事。它可以让我们感觉到自己与发泄对象之间的联系，可以帮助我们识别和处理自己的情绪，还可以帮助我们以不同的方式思考问题（Suttie 2021）。例如，与同辈一起发泄考试的困难所带来的情绪，可以产生一种归属感，帮助你克服对自己考试表现出的焦虑，甚至当你了解到考试对班上大多数同学来说都是一种煎熬时，你会感觉好受些。当我们在困难中找到乐趣感或目标时，可以观察到对某种情况的不同思考方法（重构）。当我们与善于倾听的人分享自己的情绪时，发泄也是有益的，有助于自我调节。

然而，研究表明，过多的发泄会让我们感觉更糟。有时，人们只想发泄，结果就变成了抱怨，而且永远也走不出这个阶段。花太多时间谈论负面经历于事无补，因为这会让你一直困在那里。你无法进入解决问题的阶段，也无法重塑你对这段经历的看法。你会进行反刍（沉浸在负面想法中），并将继续被情绪困扰。

此外，与那些不知道如何回应的人分享也会让我们感觉更糟。他们可能也会开始发泄或抱怨类似的情况，让你更加相信事情和你想象的一样糟糕。或者，他们可能会马上进入解决问题的状态，让你觉得自己的感受是不被认可的。如果你经常发泄，朋友和家人可能会恼怒，避免与你相处（Parlamis 2012）。

要想获得发泄的益处，同时远离负面影响，就要限制自己发泄的时间，明智地选择发泄对象，并确保自己不会整天不停地发泄。说到限制发泄时间，即使是写日记来发泄，我也鼓励来访者设定一个 3～5 分钟的闹钟，并将发泄时间控制在这个时间范围内。在选择发泄对象时，要考虑对方是能够倾听并肯定你感受的人，还是倾向于直接解决问题的人。要考虑对方是否会加入你的发泄中，还是将谈话变成完全的"抱怨时间"，或者是否会帮助你找到目标、乐趣或另一种视角。最后，留意自己一天中需要发泄的频率。如果你发现自己每天发泄不止一次，那么看来你需要努力寻找其他的自我调节工具了。

选择应对工具

我们都有自己喜欢的转移注意力的方法，而且我们往往更倾向于一些健康的应对机制。请不要被"健康的应对机制"这个词所迷惑。虽然这个词听起来既枯燥又无聊，但实际上它们可以是你真正喜欢做的事情。例如，虽然亲近大自然是下面列出的工具之一，但你可能本来就喜欢徒步，所以不管目前的精神状态如何，你都会自然而然地想要去做。

随着时间的推移，那些需要花许多精力使用的健康自我调节工具，会变得越来越容易、越来越自然。比如，当开始一份新工作或一个新学期时，你不得不比习惯的时间更早起床，刚开始的几个星期，闹钟把你吵醒，然后你很难从床上爬起来。但后来情况发生了变化，你开始随着闹钟醒来，而不是被它吵醒。也许到最后，你开始在闹钟响之前醒来。作为人类，我们需要时间来适应新事物，但一旦适应了，新事物就会变成现在自然而然要做的旧事物。

以下应对工具可以添加到你不断增加的清单中。无论你的情绪是否完全失调，这三种新工具都能帮助你更好地控制自己的情绪和行为。

顺其自然

有时候，我们能做的就是顺其自然。教练不公平地更注重别人的训练，老师对于评分过于苛刻，或者你父母的规矩比朋友的父母严格得多；又或者，你试图解决问题或与人沟通，但却无能为力。在这种情况下，我们必须顺其自然。说"我们会放下"和"放弃"是完全不同的。当真正放下一个情境或感受时，我们便不再谈论或思考它，不再专注于解决问题，不再向朋友抱怨。这个事件的情境或感受不再是生活的一部分。要想熟练掌握放下的技巧，可以从一些小的情境或感受开始练习，对于你不太在意的情境，你会更容易放下。你对小事情的处理越熟练，就越容易在大的情境或感受下使用该工具。这里有三种不同的方法来放下难以释怀的事情：

- 想象一下把情境放进热气球，看着它飘向云端。请认真想象一下，花点时间想出气球的颜色和图案、天空的样子、气球起飞时周围的环境。想象把你的处境或感觉放进气球里，也许还可以和它说再见。当气球开始飘走时，想象情境或感受带来的重量也离开了你。你现在感觉轻盈了。当气球越来越远时，向它挥挥手。
- 让我们用呼吸来让你的身体放下。吸入平静，呼出问题。静静地坐着，想象每一次吸气都能让平和与平静进入你的鼻腔，每一次呼气都能让情境带来的感受从你的口中离开你的身体。在呼气时，你甚至可以像吹蜡烛一样，用力把情境或感受推出去。吸气持续 4 秒钟左右，呼气持续 6 秒钟左右。吸气和呼气各 5 次左右，最后一次呼气时用力最大。完成最后一次呼气后，告诉自己你已经处理完了，可以继续了，然后起身继续一天的工作。
- 写下你为什么要放下和如何放下。设定一个 5 分钟的计时器，写下你为什么要放下和打算如何放下。写下放下的好处，以及放下后的感受。写下一旦放下之后，你会做什么。如果你发现自己不需要整整 5 分钟，而且在计时器响之前就已经放下了，那么恭喜你！但如果计时器响起时，你还在狂写乱画，那就立刻合上笔记本，告诉自己你正式结束了，然后去找点有意义的事情做。

关键在于，一旦你决定放下某件事情，并把它想象、呼出或写下来，你现在就必须放下它。不再发泄，不再思考，就当它已经过去了。请记住，要练习可以轻松放下的东西，这样你就有了应对更大、更难的情境和感受的技能。

亲近大自然

你要根据所在居住地适当地调整这一工具。你不太可能住在一个没有其他房子的森林里。但如果你住在森林里，就会知道在大自然中度过的时光有多么美好。它能同时让我们放松、提神和恢复活力。不过，即使你住在城市里，也可以在公园、庭院或开阔的天空中找到大自然的影子。

即使是看图片或聆听大自然的声音，也能帮助人们放松，同时提高注意力和集中力。在大自然中还可以帮助你获得新的视角，感觉与周围的世界更加紧密相连（Weir 2020）。这些好处可能来源于凝视天空中的云朵或星星、在附近的公园观察树木和花朵、在自家后院散步和观察昆虫，或者去当地的湖泊或森林保护区探险。

将大自然作为自我调节的工具，并尝试不同的形式。

- 当你感觉失调时，就去远足，看看之后的感觉如何。
- 晚上进家门之前，先停一停，看看星空，注意这是否会引起情绪上的变化。
- 找一个你最喜欢的户外场所，无论是在海边还是在繁忙人行道边的公园长椅上，在那里你可以看到云朵，当需要放松或平复心情时，就可以去那里。

无论你如何利用大自然进行自我调节，只要确保自己置身其中时感到与大自然融为一体即可。这意味着练习正念——专注于视觉、听觉、嗅觉、触觉，甚至味觉。这也意味着，通过关注周围的事物，注意到天空、树木、昆虫、植物或地面上的事物。你不要一边徒步，一边给朋友发短信，因为这会让你甚至记不起自己是否经过了一朵花。你也不要一边盯着天空，一边思考你的情况。你要积极地调动自己的感官，全身心地投入其中。

回忆快乐的记忆

想一想快乐的记忆，可以是和家人一起去度假、和朋友一起去听音乐会，也可以是第一次自己开车，感受到完全的自由。试着用尽可能多的感官去回忆尽可能多的细节：

- 你在这段记忆中看到了什么？
- 你听到了什么声音？
- 有气味吗？
- 你附近的空气温度或任何材质的感觉如何？
- 有味道吗？

调动的感官越多越好，练习调出这段快乐的记忆，每次都增加更多细节。平时做得越多，当你真正需要给自己的心情放一个假时，就会越容易把自己置身其中。

感激

罗伯特·埃蒙斯（Robert Emmons）博士花了 20 多年的时间研究感激，并发现了经常进行感激练习的诸多益处。你知道我们的大脑不能同时处理感激和嫉妒吗？我们也无法同时感受到感激和怨恨。当我们心怀感激时，关注的是我们所拥有的，而不是我们所没有的。此外，当我们心怀感激时，大脑会释放多巴胺和血清素，这些生化物质会让我们感觉更轻松、更快乐。埃蒙斯博士说，无论在什么情况下，我们都可以通过转换注意力在生活中创造更多感激的情绪（Emmons 2013）。

请拿起你的笔记本，坐在一个安静且不会被打扰的地方。克里斯托弗·利特菲尔德（Christopher Littlefield）是一位培训企业领导者欣赏员工的专家，他建议大家花点时间来回答这些能增强感激之情的问题（Littlefield 2020）：

- 我今天看到了什么美好、善良或令人惊喜的事情？
- 在过去的一个月里，有哪些机会让我感激不尽？

- 我今天比一年前更擅长什么？

请注意，在花时间思考这些问题之后，你的感受如何？情绪有什么变化？想法有什么变化？把这些问题放在你容易找到的地方，这样当你感到羡慕、嫉妒或怨恨时，就可以回答它们。

情商与复原力

艰难的经历是生活的一部分。我们失去亲人，父母离异，必须从熟悉的小镇搬到谁都不认识的地方。不过，有些人比其他人更能应对不好的经历。而对有些人来说，艰难的经历会导致全面封闭，他们不再像之前那样积极地生活。对另一些人来说，艰难的经历会造成混乱和不安，但他们能够适应。能够适应的人被认为具有复原力。无论你如何应对艰难经历，你都可以成长。如果你经历过全面封闭，这本书可以帮助你。如果你认为自己很能适应，你所学到的技能将使你在这条道路上不断进步。

研究人员发现，情商高的人更容易适应消极的生活经历。因此，情商高的人被认为更有复原力。想一想为什么吧。如果你能够理解自己的情绪，能够有效地与情绪沟通，并且知道如何自我调节，那么你就能够很好地处理压力，你觉得呢？刚刚提到的研究人员对此表示赞同，并且做了进一步研究。在一项有400多名参与者的研究中，他们分解了构成情商的各个组成部分。他们发现，当人们觉察到自己的情绪，能够有效地表达情绪，控制情绪，并能将消极情绪转化为积极情绪时，他们对消极生活事件的承受力就会大大增强（Armstrong, Galligan, and Critchley 2011）。

这一发现意义重大。它意味着，当可怕的事情发生时，我们可以迅速恢复回来。我并不是在谈论过度的积极，说你应该装出一副开心的样子，立刻开始谈论从糟糕的情况中找到积极的一面。"有毒的"过度的积极态度是不健康的，也是无益的，因为它会让我们压抑或回避情绪。但相反，你要决定，这些糟糕的情况不会控制你，也不会定义你是谁、你在做什么，以及你如何生活。

在阅读本书的过程中，你在增强对情绪的觉察能力。你也一直在努力地学习如何有效地表达自己的情绪，以及如何控制自己的情绪。下面，我们将重点讨论如何在艰难时期保持复原力。你将拥有一套技能来提高自己的复原力，这样就能应对人生道路上的任何负面经历。

培养复原力的工具

运动

关于运动如何减轻压力、抑郁和焦虑的研究已经非常多了，这完全是老生常谈的话题了。运动会在大脑中形成新的通路，从而使我们的感受和想法有所不同。它是一种预防性的辅助工具，可以避免烦躁、悲伤、昏昏欲睡及冷漠，并能在困难时期立即改变我们的情绪。

如果我们把运动作为一种整体化的情绪管理工具，那么当困难事件不可避免地发生时，运动会让我们有更充分的准备来应对这些实践。要达到这个目的，需要每周 5 天，每天锻炼 45～60 分钟。要让运动有助于心理健康的关键点在于，至少要是中度运动量，这意味着要做可以提升心率的运动，做的时候应该气喘吁吁。至于你做的是哪种运动，跳舞、游泳、跑步、皮划艇、排球、骑自行车、空手道、负重训练、足球或滑冰，都不重要。只要能让你的心率加快、出汗就可以了。

让运动成为你日常生活的一部分，就像服用复合维生素一样。你服用维生素是为了保持免疫系统强大，避免生病。运动也是一种调节情绪的维生素。你做运动是为了保持心理健康，帮助更好地应对压力和情绪失调。

当你想在困难时期用运动来立即改变情绪，你可以在感到有压力的时候立即做 10 分钟的剧烈运动。你需要提高心率，出一身汗，所以应该做一些对你来说有难度的运动，比如跑步、波比跳或跳绳。你所要做的就是，设置好计时器，然后开始。这 10 分钟的运动会让你的大脑释放出内啡肽，从而立即改变你的情绪和想法。

听音乐

音乐能唤起我们大脑中重要系统的变化。挪威卑尔根大学（University of Bergen）的一位研究人员利用脑成像技术观察了听音乐对大脑的影响，发现许多与情绪有关的大脑结构都会受到音乐的明显影响。音乐不仅能创造强烈的情绪或强烈的动作（如跳舞或律动），还能改变我们的生理反应，降低或加快心率。音乐还能创造人际链接或社会归属感——想想你参加的音乐会上，每个人都在一起狂欢，或者你和一群人一起唱着最喜欢的歌曲（Koelsch 2018）。

为不同的情绪创建音乐播放列表。什么音乐能让你感觉更好，让你动起来，或者让你感觉与他人有链接？将其列入列表。为不同的心情创建几个不同的播放列表。我有一位来访者，她的"动动你的身体"播放列表中放满了会让她想跑步的活力歌曲；"停止消沉"播放列表中充满了乐观向上的歌曲，有助于缓解抑郁和悲伤的情绪；而"姐妹……真的么？"播放列表中则是关于社会正义的抗议歌曲，当她对时事感到不知所措时，这些歌曲可以帮助她。

发挥创造力

心理健康护士兼研究员托尼·吉勒姆（Tony Gillam）在 2018 年发现，创造性活动可以提升情绪，改善整体心理健康。正如运动可以作为一种预防性辅助手段，在艰难时期立即改变你的情绪一样，发挥创造力的活动对我们也有同样的作用。创造力活动包括戏剧、音乐、写作、舞蹈、摄影、编织、陶艺、绘画、涂鸦、素描及填色等。

如果要将发挥创造力作为一种预防性辅助手段，可以专注于运用需要重复进行的活动，如编织或涂色，因为这些活动可以让你进入冥想状态，并能让大脑和大脑皮质保持清醒，让心灵安静下来。对整体情绪管理来说，寻找一些团体活动也是有益的，如戏剧或音乐，因为你会得到社会链接和归属感这些额外益处。在困难时期需要立即改变情绪时，可以专注于绘画或油画等创造性活动，因为它们可以让你表达那些一直被压抑或无法用语言表达的情绪。

做有创造性的活动注重过程而非结果。在利用创造力进行整体或即时情绪调节时，重点不在于成品，而在于平复心情、表达情感和改善情绪。只要创作有助于将消极的心理状态转变为更积极或更有效的心理状态，那么成品最终被扔进垃圾桶还是挂在画廊都无所谓。

我们将把上述两种工具结合起来，为你提供了一种全新的自我调节策略，以应对困难的情绪。准备好了吗？你将在音乐中涂色。

准备好蜡笔、记号笔、彩色铅笔或颜料和纸张。准备好用品后，创建一个15～20分钟的音乐播放列表，或者选择一张能唤起乐观、放松或平静情绪的音乐专辑。如果可能，还可以点燃蜡烛或香薰。

现在，一切准备就绪，你可以边听音乐边画画了。你可以绘制形状轮廓并涂上颜色，也可以绘制线条图或完整的图画。这里没有规定你能画什么或不能画什么。唯一的规则是，不要评论自己的创作，也不要过于关注结果。这个练习是为了改变你的心情，而不是为了成为下一个弗里达·卡洛（Frida Kahlo；墨西哥著名女画家）。如果你愿意，甚至可以在完成后毁掉它。直到你的音乐播放列表或专辑结束为止，尽情享受吧！

你还可以将其他自我调节工具结合起来，以提高趣味性并进一步调动大脑。也许你会在大自然中画画，或者在运动时听音乐。尝试不同的组合，看看哪种最适合你。

我们介绍了大量信息和一些工具，供你练习，包括情绪失调的含义、如何当情绪失调发生在你身上时识别它、何时发泄、何时停止、自我调节工具，以及如何建立复原力。这是一项艰巨的任务！去呼吸点新鲜空气，活动活动身体，等你准备好了，我们下一技能再见。

"检查一下"你的目标

还记得你在"基础技能4"时设定的目标吗?在本书接下来的部分,我们会再次回顾这些目标,以帮助你监测自己的进展并保持正轨。如果你真的想实现目标,那么你需要认真对待这些"检查一下"。人们不会凭空实现目标;他们会设定切实可行、真实且易于管理的目标,并且每天为之努力。你已经在"基础技能4"完成了第一步,当时你设定了与自身感受相符的目标,规划了实现路径,并安排了完成时间。现在,让我们来检查一下进展如何。

请拿出你的目标清单、日历和笔记本。

- 查看日程安排,看看你为实现每个目标已经完成了哪些步骤;在笔记本中,查看你规划目标的部分,划掉已完成的步骤,并审视还有哪些事情有待完成。
- 是否需要将还未完成的步骤转移到日历上的不同日期?如果是的话,现在就去做吧。
- 时间杀手或障碍是如何影响你实现目标的?需要做出哪些改变?在笔记本中写下你将如何做出这些改变,并在日历上做出时间调整。
- 你是否记得在完成某些步骤时奖励自己?如果没有,请确保你现在就这样做!

基础技能 6

对他人的觉察

我们刚刚完成了一个相当大的章节，里面有大量的信息和许多新的技能需要练习。希望你在进入新的技能之前休息一下，这样大脑就有机会消化和处理所学到的知识。这一章将与其他章节有所不同，因为我们将向外看，而不是专注于内在觉察。我们将建立对他人情绪、身体状态、想法及行为的觉察。当我们知道别人可能有的感受或想法时，我们就能更好地理解他们的意图并预测他们的行为。更好地理解他人，可以改善沟通和人际关系。

你可能会想：**这不合理。自我觉察是觉察自己，而不是其他人。为什么我们要试着去理解别人的情绪、想法和行为呢？那是他们的事！知道这些事又不是我的工作。**但自我觉察包括理解我们如何与周围互动，并能够解释别人的感受和想法，他们如何行动，以及他们如何看待我们。花点时间想象一下，如果没有这种觉察，你在生活中会对别人的情绪和行为一无所知。你完全不知道他们是怎么想的，也不知道他们是怎么看你的。你可能会发现自己很多时候说错话，然后想知道自己可能做错了什么。你甚至可能会因为你误解了朋友的行为或他们说的话，而与他们发生冲突。当你这样想的时候，这种外在觉察的必要性就更有意义了，不是吗？

让我们再多思考一下：

> 玛蒂正在读大学一年级，她和一位室友、两位套间室友住在一起。她在一门几乎没怎么去上的课程的期中大论文上只得到了D的成绩。泪水涌上了眼眶，身体紧绷着，她双手紧握地走出了教室。当玛蒂回到宿舍时，发现室友正在兴头上，因为今天是周五，并且她刚刚完成了一整个学期都在努力做的实验项目，正准备庆祝一番。套间室友也正随着一首最爱的歌曲放声歌唱，在房间里跳舞，还一把拉过那位室友共同庆祝她的成功。玛蒂突然对室友把衣服扔在地板上的行为大加斥责，并开始抱怨对方有多邋遢。室友盯着地板，脸涨得通红，开始默默捡起自己的东西。玛蒂在房间里走来走去，用力摔关抽屉，她一边收拾着脏盘子，一边大声咆哮，说她无法再忍受这样的生活环境，也许她应

该退学、搬回家。套间室友们也悄悄退出回到了自己房间。室友情绪崩溃，张着嘴巴，泪水夺眶而出。她说，玛蒂以前从来没有抱怨过房间的整洁问题，而且实际上情况也没有那么糟糕。玛蒂咕哝着说，她只是太习惯和一个邋遢的人住在一起了，所以一直忍耐到现在才爆发。室友怒气冲冲地走进了套房里其他室友的房间，玛蒂听到了她们三个人离开的声音，门砰的一声关上了。

如果玛蒂在致力于提升自我觉察，她会在拿到期中成绩后就会认识到自己的情绪和想法。如果玛蒂在情感成长方面有所投入，那么在返回宿舍之前她就会用自我调节技巧来调整自己的情绪。她会花时间反思并从这种情况中学习，以便今后做出不同的行动。如果她有对他人情绪的觉察呢？这又会对事情带来怎样的改变呢？

让我们重写一下这个故事：

玛蒂正在读大学一年级，她和一位室友、两位套间室友住在一起。她在一门几乎没怎么去上的课程的期中大论文上只得到了D的成绩。她停下来花了一会时间觉察到，自己对未竭尽全力而感到失望，为频繁逃课而感到羞愧，为在课上浪费的金钱而感到内疚，为自己的成绩而感到悲伤，同时也对自己曾虚度上课的光阴而感到愤怒。她决定出去走走，让头脑清醒一下，并在走路的时候集中精力让自己的呼吸慢下来。她开始觉得内心已经平静下来，于是打算回宿舍，但在上楼之前，她去了一趟自习室做了一份学习计划。她规划每周在学习上花多少时间，并在手机上设置了上课提醒；此外，她还给自己的教授发了电子邮件，告知教授她的改进计划。当进入宿舍时，她感觉自己能更好地控制自己的情绪和处境。室友宣布她已经完成了艰巨的实验项目，想要这周末开始庆祝。套间室友跟着一首最喜欢的歌在房间里跳舞，邀请室友加入并庆祝她的成功。玛蒂告诉室友，她为其成功而感到高兴，并认可了室友的努力。她补充说，她也想庆祝一下，但自己仍然感到沮丧。室友依然很兴奋，而且手舞足蹈，于是因为玛蒂想让朋友尽情享受这一时刻，她没有进一步说明自己的情况。她建议室友和套间室友先去吃午饭，这样一来她可以有更多的时间来调整自己。然后，玛蒂提议大家在某个特定时间在常去的咖啡馆碰面，一起享用甜点。室友对这个建议表示感激和赞赏，随后她们便出发去吃庆祝午餐了。

玛蒂意识到她的室友是多么高兴和兴奋，也明白她现在的情绪会对整个团体的气氛产生负面影响。她观察到大家庆祝的举动，知道她需要更多的时间来调整自己，这样她才能以更好的心情加入她们。她能以一种既不会破坏朋友的情绪或成就，也不会让自己陷入困境的方式来沟通这些事情。她的自我觉察帮助她识别自己的感受，并调节情绪和心情。她对他人情绪和行为的觉察能力，让她成为一位体贴的朋友和室友，没有破坏别人庆祝的重要时刻。

如何更好地理解他人

我们刚刚看到，了解他人的内心状态可以拉近关系，减少冲突，以及改善沟通。而觉察到他人的感受或想法也能让我们更好地理解他们的意图，并有能力预测他们的行为。如果你觉察到妈妈因为一个重要的工作项目而倍感压力，你就更有可能理解为何她在曲棍球训练结束后开车回家的路上沉默寡言，而不是认为这意味着你做错了什么。或者，如果你明白朋友正担心她爸爸目前的健康问题，那么当她在大厅无视你或不回短信时，你可能会宽容对待，不予计较。如果你知道弟弟因为闯祸了而被禁足不能参加返校舞会，那么你可能预测他不会有心情帮你做作业或陪你打游戏。

当我们更好地理解他人的感受或想法时，我们就不太可能误解他们的行为，更有可能预测他们的行为。但是我们要怎么做呢？我们如何弄清楚他人的感受和想法？这不需要任何读心术，但你需要练习，因为就像其他技能一样，你做得越多，就会变得越好。

考虑一下你对这个人的了解

当我们与他人长时间相处后，就会逐渐了解他们的特点。比如，你知道某位朋友在人群中易怒，而另一位朋友喜欢在人群中获得力量。或者，你知道小妹妹在晚饭前可能就饿了，而父母通常在九点前就在沙发上睡着了。从小到大，你一直在留意周围的人，现在你可以把观察结果应用到生活中去了。当你试图更好地了解某人时，花点时间想想这些观察结果，思考这些信息如何帮助你此刻理解他们。

考虑当前的背景或情况

看看这个人周围发生了什么，并思考这个背景可能对他们产生的影响。噪声是否会导致感官过载，导致某人无法听清或思维混乱？他们是否正在进行需要高度集中注意力的事情，比如开车或研究新食谱，所以他们不能把注意力集中在你身上？还要考虑他们向你透露的他们目前生活状况。也许朋友告诉你她的奶奶在医院里，或者爸爸提到了他在工作中一直在处理的难以相处的客户。想想这些信息可能会如何影响他们的情绪、想法和行为。

问问题

可以试试与他人交流，听听看他们的想法和感受。毕竟，你不是真的能读心吧？另外，当你问他们感觉如何或想听听他们一天的情况时，这不仅让他们提供了更多信息，还让他们觉得被倾听了。所以，当你试图判断妈妈是否有心情和你谈论暑期兼职的计划时，先花点时间了解一下她当天看医生的情况，以及此刻她的心情如何。或者，如果你不确定朋友是不是在生你的气，还是在生整个世界的气，不妨和他聊聊周末他和兄弟一起做了什么，或者他对这周突然宣布的科学新闻有什么看法。

给空间

有时候，不管你的问题有多好，人们可能处于一种无法分享自己感受或想法的状态。尽管你很了解他们目前情况，有时你仍然无法理解他们为什么会有这样的心情。这时候你可能需要退一步，给他们一点空间。也许，他们正在处理一些与你无关的事情，他们需要时间去解决。或者，他们对你有特定的不满，但不知道如何提出来。给对方空间是一种带有善意和爱的表达尊重的方式。这可能意味着在他们回复你之前不要再发短信，不要问他们那天午餐为什么和别人坐在一起，或者当爸爸做饭的时候在厨房以外的地方做作业。给予空间并不意味着冷落或忽视对方。相反，在你问完上一步的问题后，你要让他们知道，当他们准备好的时候，你就在身边。

做一个私下预测，看看你是否正确

这样做需要练习。你的练习的一部分是运用你对这个人的了解，你对他们目前的情况或背景的看法，以及他们给你的问题答案，来预测他们有什么样的想法和感受，以及你认为他们会怎么做。如果爸爸在漫长的一天工作后开车送你去朋友家，而你知道他一直在处理一位难以相处的客户，你可能会预测他压力很大，不想说话，而是喜欢听音乐。你把手机里的音乐调到80年代的电台，放他最喜欢的那首歌，然后观察他。他的心情会有一点变化吗？他看起来更放松了吗？或者，你知道朋友的兄弟快把他逼疯了，而且总是弄坏他的东西，所以你预测他在过完周末后心情会很差，不会像往常一样想在周一去吉他俱乐部。你还是会邀请他加入，但当他拒绝的时候，你不会太在意。

请拿起笔记本，想想你最近发生的一件让你困惑的事情。也许当你和大家分享一个故事的时候，你的一位朋友很冷漠或看起来很生气；或者上司对你的表现比平时更挑剔；又或者可能是父母最近很易怒，而在看到你房间凌乱时大发雷霆。你想到了什么？把这件事写在你的笔记本里，但不要从你的角度来写，而是把你当作一个观察者来观察这件事的发展。尽可能客观地总结情况，并将其限制在 3～5 句话之内。现在我们要按照上面的步骤来做。

- **考虑一下你对这个人的了解**：写一些你对这个人的了解，可能与当时的情况有关，包括他的性格特征。例如，那位冷漠的朋友不是一个早起的人，或者暴躁的父母最近一直在抱怨睡不够。
- **考虑当前的背景或情况**：描述发生混乱互动的环境。从观察者的角度来看，你和另一个人周围还发生了什么？是否有其他事情吸引了他们的注意力或精力？退后一步，考虑一下大局。还有什么因素会影响现在的局面？
- **问问题**：如果你能回到过去，你想问那个人什么问题来获得更多信息？你认为他们会如何回答？写下问题和他们的答案。现在问这些问题是不是太晚了？
- **给空间**：写下你认为现在应该给彼此多少空间。如果是一位最近没有见面的朋友，你可以试着安排一次有他和你们共友的聚会，这样他没有回应也没什么大不了的。如果是家庭成员，你可以在休息的时候给他们一些空间，在下次吃饭的时候再试着和他们交谈。如果是主管、同事、老师、教练或同学，你最好等到在工作、训练或学校再次见到他们的时候再沟通。
- **做一个私下预测，看看你是否正确**：考虑到以上所有信息，写下你对他们此刻状况的推测，以及你认为在混乱的互动中可能发生了什么。预测一下，你认为接下来会发生什么；不要和任何人分享你的预测，只有你自己知道，等着，看看你的预测是否正确。

在关注他人内心世界的同时保护自己

对许多青少年来说，体察他人的内心状态是一个颇为棘手的领域。有时候，你可能会发现自己过于偏向对外部的觉察，过于关注他人的感受和想法，而忽视了自己的感受和想法。我最常在青少年和年轻人身上看到这种情况，他们喜欢上某人，刚开始约会，或者坠入爱河。他们在试图弄清楚对方的想法和感受时迷失了方向，被对方可能说的话或做的事消耗了精力，以至于他们不再关注自己的感受、想法和行为。

也许你也遇到过这种情况。也许曾经有一段时间，你对新恋情如此兴奋，以至于你所做的一切都是试图预测他人脑子里在想什么，或者揣测他人每个词的意思。或者，也许你太喜欢实验室里坐在你旁边的那个家伙了，你所能做的就是等他的下一步行动。而当你忙着预测、理解和等待的时候，你完全忘记了自己的感受和想法。所以，当准备认真交往时，你会惊讶地发现，你们其实没有任何共同兴趣，和他在一起的大部分时间都很无聊。或者，当他终于向你表白的时候，你突然发现其实你已经不喜欢他了。

那么，我们如何在关注他人的同时保持自我觉察呢？下面的步骤可以帮助你和他人在一起时，注意到其发生了什么，又不会在这个过程中迷失自己。

让自己立足当下

将自己的注意力集中到双脚上，注意它们的感觉，无论是它们接触地面，还是它们在鞋子里的感觉。试着注意每一个脚趾，看看你是否能感觉到每只脚的脚掌和脚后跟。把你所有的注意力放在脚上，直到清楚地感知它们在空间中的位置和感觉。当我们关注自己的身体时，便在自己和他人之间建立了一个清晰的边界，帮助我们给他人留下好印象。

让自己的呼吸变得缓慢而稳定

作为社会性动物，我们会下意识地将自己的呼吸与周围人的呼吸同步。当你喜欢身边的人时，更有可能让自己的呼吸与他们的保持一致。问题是，呼吸节奏会引发生理反应。例如，如果他们感到焦虑，他们的呼吸会更快、更浅。当你下意识地配合他们的呼吸，你的呼吸就会更快、更浅了。而这种更快的呼吸会导致你的心率加快，让大脑误以为你感到焦虑。突然间，你感到焦虑，就像他们一样——而这全都是因为呼吸！但是，你可以通过专注于保持自己的呼吸来防止这种情况的发生，不管周围的人如何呼吸，缓慢而稳定地呼吸，这样你就不会下意识地被呼吸同步影响。

告诉自己，他们的感受不是我的感受

让这句话成为你的座右铭。当你和他们在一起时，一遍又一遍地重复这句话，这样你就不会把他们的感觉和自己的感觉混淆了。如果实验室的那个家伙咯咯着对你笑，并展现出对你的兴趣，提醒自己那是他的感觉，不是你自己的。或者，如果你开始约会的女孩在视频通话时表现得对你不感兴趣，重复这句话，这样你就不会把她的感受和你的感受混淆了。

练习与他人建立情感边界。你可以和任何人练习这个，而不需要和喜欢的人练习。在笔记本上写下让自己平静下来、放慢并稳定呼吸、"他们的感受不是我的感受"这句座右铭的步骤，或者将其设置为你的屏保。下次你和别人出去玩的时候，试着注意他们的感受、想法和行为，同时保持对自己身体和呼吸的觉察，重复你学到的座右铭。

在你练习完之后，请在笔记本中回答下面的问题：

- 你注意到了他人的什么感受、想法和行为？
- 当你和他人在一起时，练习这些步骤是什么感觉？有什么是困难的？什么是容易的？
- 你是否能够不把他人的感受当成自己的感受，或者你是否发现尽管遵循了这个步骤，你仍然会那么做？
- 在接下来的社交活动中，你需要做什么改变来帮助你更容易地遵循这些步骤？

社会比较陷阱

这是一个很大的陷阱。社会比较陷阱——它非常真实，非常持续，也非常困难。

注意 比较有多种形式，其中一些是有帮助的！例如，当我们把自己和那些在我们渴望提升的领域做得更好的人进行比较时，我们可能会激励自己更加努力。或者,当我们把自己与境遇较差的人相比时,我们可能会对自己的处境感觉更加满意。在本节中,我们将专门聚焦于社会比较。

尽管不是每个人都会承认,但是每个人都会遇到社会比较陷阱,而且我们都会不同程度地被影响。另外,我们每天所受影响的程度取决于生活中多种其他因素,比如前一天晚上的睡眠情况,和朋友的相处情况,最近的考试表现,是否加入了社团,和父母的关系,以及其他诸如此类的事情。作为一名青少年,你更容易受到社会比较陷阱的影响,因为你正处于一个发展阶段,在这个阶段你觉得自己大部分时间都有观众看着你。假想的观众不会永远和你在一起,但它现在感觉确实很真实。

社会比较陷阱是当我们陷入与他人比较的陷阱中,我们似乎无法摆脱它。也许你考试成绩得了 B,觉得很自豪——你很努力地学习了,考试内容很难,你觉得 B 已经很不错了。但你无意中听到其他学生在谈论他们考得有多差,他们不敢相信世界上最简单的考试自己只得到 A-。突然间,你对自己得了 B 感到不满,为什么呢?因为你掉入了陷阱。你不再专注于自己为取得一个值得骄傲的成绩付出了多少努力,而是开始与同龄人比较,对自己的成绩感到沮丧。你觉得,因为他们得到了更好的成绩,说考试很简单,你就应该考得更好。

又或者,也许有一个你并不喜欢的女孩——她总是说人闲话,老是在社交媒体上霸凌其他女孩,穿着打扮是你不喜欢的风格,和你没有任何共同爱好。你不跟她做朋友也完全没有问题。但是有一天,朋友们开始欢迎她,在你意识到之前,她和你一起吃午饭,每节课之间和你所有的朋友一起出去玩。朋友们不停地说她有多有趣,穿得有多酷,她在社交媒体上发的所有东西他们都很喜欢。现在,你发现自己在怀疑自己是谁。你开始觉得自己的衣橱很无聊,社交媒体上的粉丝不够多,运动和爱好也很傻。为什么会有这种变化?你猜对了——你被拉进了比较陷阱。你把自己和另一个女孩比较,这让你对自己感觉很糟糕。你觉得因为朋友都喜欢她，而你不喜欢她，那一定是你有问题。

以下这些迹象表明，你已经陷入了社会比较的陷阱。

- **你立刻对之前感觉还不错的事情充满了自我怀疑**：你对进入校队二队感到很高兴，但是当你听说住在同一条街上的另一个孩子进了校队一队时，你这种高兴消失了。现在你甚至不想打球了，并考虑放弃这项几乎伴随了你整个童年的运动。
- **在看到或听到你认为比你强的人之后，你对自己的技能或能力感到自卑**：你一直在自学弹吉他，打算在即将到来的才艺表演中演出，但你刚刚无意中听到一些受欢迎的女孩在谈论一个他们认为非常帅气的家伙，他的吉他弹得出神入化。你觉得自己不可能像他一样优秀，然后当场你就决定永远不会在任何人面前演奏了。
- **在看到或听到你认为比你好看的人之后，你会对自己的外貌感到自卑**：姐姐陪你去剪头发，说服你去做一个新发型。你觉得自己的新发型很酷，直到你在社交媒体上看到其他人新染的紫蓝色头发。她得到了大量的赞和评论，说她看起来有多棒。现在你希望自己从来没做过这个新发型，并因为姐姐让你这么做而讨厌她。
- **你突然对之前引以为傲的事情感到尴尬**：你所在的科学奥林匹克团队进入了决赛，你是团队成功的重要一环。庆祝之后，队员们决定第二天穿队服去学校。你穿着队服骄傲地出现在学校，立刻听到一群孩子嘲笑你们是穿着"失败者科学衫"的"书呆子"。你走进卫生间，在别人看到之前把你的衣服翻了个面。
- **当和特定的一群人在一起时，你发现自己在对自己说一些消极的话**：你很开心自己有一大群新朋友一起吃午饭，但你注意到，每当你和他们在一起的时候，你就会告诉自己闭嘴，或者你刚刚说的话很蠢。

你该如何避免比较陷阱呢？当你觉察到自己已经深陷其中，你又该如何脱身？这里有一些策略可以帮到你。

- **每天练习良好的自我关怀**：还记得"基础技能 4"的心理疫苗吗？当你养成了良好的自我关怀习惯，比如健康饮食、每晚睡眠充足、每天做一些运动，你就更有可能获得处理棘手事情的能力。如果你没有得到足够的睡眠，靠垃圾食品活着，你每天都处于耗竭状态，更有可能被拉入陷阱。
- **注意你什么时候更容易掉入陷阱**：你有没有发现，当你和某些人在一起时，或者玩社交媒体的时候，更容易掉入陷阱？练习关注自己的感受，并在心里记下"嘿，我现在对自己感觉很糟糕"，这样你就能看到是否有某种规律。
- **远离让你觉得自己很糟糕的事情**：如果你一直在关注你什么时候更容易落入陷阱，并注意到你总是在看某个特定的人的社交媒体账户或和某个特定的朋友出去玩的时候陷入陷阱，也许是时候休息一下了。取消关注这个账号，或者离开这个朋友一段时间，看看你的感觉如何。也许是他们做的事情让你感觉不好，或者是因为你的自卑。不管怎样，休息一下会帮助你做出决定。
- **记住，在这个世界上，看待、思考或生活的方式没有对错之分**：当你陷入陷阱时，用自我对话来尝试摆脱它。告诉自己，每个人都有不同的技能、能力、品质、性格特征、长相、长处和短处，这就是我们每个人的独特之处。如果我们都一个样，生活会有多无聊？
- **记住，生活不是一场比赛**：每个人都以不同的速度发展。某种技能或能力现在可能对你的同龄人来说很容易，明年可能对你很简单。或者，你今年擅长一件事，而你的一个朋友可能在大学里学会了它。我们每个人的发展都不一样，有自己的速度。

- **练习感恩**：当你在网上看到朋友们聚在一起的照片时，不要感到被冷落，而是要练习对你正在做的事情心存感激。不要拿自己的分数和别人比较，试着把注意力集中在你为得到自己的分数付出了多少努力，以及你为自己的付出感到多么自豪。
- **建立自信**：把注意力集中在你喜欢自己的地方，你擅长的地方，以及每天都在进行的事情上。记录下你的优势和喜好，同时特别关注那些适合你的事情。

思考一下被拉入社会比较陷阱的迹象。回顾一下，拿起笔记本，反思并回答这些问题：

- 你在自己身上注意到了哪些迹象？
- 哪些迹象最常出现在你身上？你认为为什么会这样？

接下来，思考策略列表。回顾一下，看看哪些是你自己尝试过的，反思并回答这些问题：

- 你以前使用过哪些策略？它们对你是如何起作用的？下次你会做什么不同的事情来确保不一样的结果？
- 你还没有尝试过哪些策略？你认为它们什么时候会有用？你如何确保你会在需要的时候记得使用它们？

既然我们花了一章的时间向外看，我们将在下一章回到内心，理解身体的感觉。下一章也将是我们最后一种的基础技能！你一直都很努力建立你的自我觉察和练习自我调节，我真的希望你为自己感到骄傲。花点时间想想自己的进步吧——我们常常专注于向前看，而忘记了我们的收获。想想你开始读这本书的时候是什么样子，以及你学到了什么。在进入下一章之前，花点时间思考一下自己的成长。当你完成了这个思考后，我们就在下一章见。

"检查一下"你的目标

拿出你的笔记本,看看目标清单。仔细思考你的每一个目标,反思并回答这些问题:

- 我一直在做些什么来实现我的目标?
- 到目前为止,我对自己的进步感觉如何?
- 我需要做些什么来保持在正轨上?

使用"基础技能 2"中的情绪轮盘,检查你当前对每个目标的感受。花点时间看看你最重要的目标,想象你已经实现了它,试着真正地把自己置于那个情境中,那个已经达成目标并享受成果的自己。这种情境触发了情绪轮盘上的哪种感觉?把这种感觉写在排名第一的目标旁边。

现在,往下移动你的目标清单,想象你已经实现了每一个目标,一次一个。写下你实现每个目标时的感觉。考虑到这个想象练习中激发的情感,有没有一些目标需要被剔除?清单上的目标顺序是否需要上移或下移?

请对你的目标清单做一些必要的改变。

基础技能 7

理解身体感觉

欢迎来到最后一种基础技能！我的朋友，你已经学习了一些非常重要的内容。你已经建立了对情绪、想法和行为的觉察，设定了与真实自我一致的目标，并正在努力实现它们。你现在更加了解他人，以及你如何影响他们，他们如何影响你。你已经学会了很多自我调节的技巧和工具，你已经准备好应对一切了！

对于最后一种技能，我们将回到身体上来更好地理解身体的感觉，这样你就可以将它们与情绪恰当地联系起来；然而，我们要确保你不会对这些感觉变得**过于敏感**。我还会教你一个我最喜欢的技巧——把焦虑变成兴奋。我们还将讨论缺乏动力，因为这常会通过疲劳、冷漠和嗜睡，在身体上表现出来。我们将探讨打破你觉得自己无法摆脱的缺乏动力的恶性循环的方法。

你可能会想：**为什么要把它作为最后一种技能？这看上去很重要，我们不是应该早点讲吗？**虽然能够调节我们的身体感觉并将它们与我们的情绪联系起来是非常重要的，但我发现对许多人来说，做到这一点也非常困难。在与青少年一起工作了这么长时间之后，我意识到，当我们首先在所有其他领域建立自我觉察，之后就更容易识别出与身体感觉的联系。这一次，我们将采取一些不同的方式来开始。我们先做个调节情绪的练习。所以，请找一个私密的空间，放松，准备好深入感受你的身体吧！

我们要做个身体扫描。首先，你需要完整阅读指导语，这样你就知道该怎么做了，然后闭上眼睛，凭记忆逐一进行。如果你需要把指导语录下来然后听，可以放心去做。或者，如果你需要在回忆中偷看一下步骤，也没关系。这不是关于追求完美和死记硬背，而是关于感受身体的感觉。

- 首先，从你的脚开始，集中注意力感受它们的感觉。动动你的脚趾，注意任何感觉。注意温度（是热的、暖的还是冷的？）和材质（你能感觉到袜子的棉质或硬木地板吗？）。现在试着在不动任何肌肉的情况下感受你的脚。当这样做的时候，你注意到了什么？
- 移动到你的小腿，做同样的事情。注意小腿的感觉，活动你的肌肉，注意任何感觉。你能感觉到温度吗？材质呢？现在试着在不紧绷肌肉的情况下感受你的小腿，你注意到了什么？

- 继续向上移动对你身体的注意，一次专注于一个肌肉群。从小腿开始，到大腿，再到臀部。然后，你可以将注意力移动到你的腹肌、下背部、上背部及胸部。接着，跳转到你的手部，然后沿手臂向上移动至前臂、二头肌、三头肌及肩膀。最后是你的脖子、脸和头。对于每一个肌肉群，专注于观察感觉、温度和材质。活动或紧绷肌肉，看看你注意到了什么。同时，确保在不活动或紧绷任何肌肉的情况下，注意那个肌肉群的感觉。

在身体各部位移动的顺序并不重要，所以如果你按照不同的顺序进行也没关系。移动的顺序不是重点，这个练习的重点是学习如何关注你身体的感觉。你可能会发现你很容易注意到身体某些部位的感觉，而在其他部位却很难注意到，这是正常的！

完成练习后，拿出笔记本，完成以下填空和问题，检查一下自己：

- 我发现自己很难做到＿＿＿＿＿＿＿＿。为什么这对我来说是个挑战？未来我能做些什么让这件事变得更容易些吗？
- 对我来说＿＿＿＿＿＿＿＿做起来很容易。为什么这对我来说这么容易？我从这个练习中学到了什么？
- 在日常生活中，什么时候做身体扫描比较好？

连接心灵和身体

既然你已经完成了身体扫描，让我们考虑一下感觉的含义。有时候，我们的感觉与想法和情绪密切相连。这些感觉为我们提供了关于我们思考或感受的信息。它们可能印证了我们已经知道的东西，或者帮助我们理解它。它们可以是告诉我们感受或思考方式的关键指标，或者它们可能只为我们指明正确的方向。但并不是所有的感觉都有意义，也不是所有的感觉都与我们的情绪有关，我们将在下一节深入探讨。现在，我们将研究那些真正有意义的东西——与我们情绪和想法有关的身体感觉。

在一项研究中，研究人员发现，基本的情绪（愤怒、恐惧、快乐、厌恶、悲伤、惊讶及平静）都能在胸部被感知到，比如心率和呼吸的变化。但更具体地说，上臂可以感知愤怒，悲伤则通过手臂和腿部的感觉减少来感知，厌恶感则出现在消化系统和喉咙，而快乐则通过整个身体的感觉增加来感知（Nummenmaa et al. 2013）。同样的研究人员在2018年进行了另一项研究，发现你在身体上感受到的情绪越强烈，它在你心中的情绪也会变得越强烈（Nummenmaa et al. 2018）。

也许，你能从这项研究中找到共鸣，回想起在课堂上做报告之前感受到的各种身体感觉，这些感觉反过来又增加了你的焦虑。假设你在走进教室的时候有点紧张，因为你知道要第一个发言。但随后你的胃开始翻腾，你突然感到一阵燥热和脸红，喉咙里莫名出现了一些梗阻感。由于这些身体上的感觉是如此强烈，你断定自己一定是极度焦虑（尽管一开始你只是有点紧张）。

一本关于治疗情绪障碍的图书强调，需要关注身体感觉对每个人的个人意义（Barlow et al. 2017）。例如，如果你即将走进一场工作面试，感到心里七上八下，你如何解释这些七上八下的感受会影响你的行为。如果你把这些感觉看作是非常紧张的信号，你很可能会引发更多的感觉，比如变得又热、又出汗，膝盖发抖，声音颤抖，你的想法甚至会变得更加消极。然而，如果你把这些感觉理解为高压环境下有时会出现的正常反应，你就不会过分关注它们，而且会以一种更好的心态走进面试。

一个较老但依然适用的模型将情绪按照高能量和低能量分类。在该模型中，高能量的积极情绪包括兴奋、喜悦和惊讶。低能量的积极情绪包括愉悦、满足、放松及平静。相反，高能量的负面情绪包括愤怒、恐惧和警觉，而低能量的负面情绪包括抑郁、无聊和疲倦（Russell 1980）。尽管该模型没有具体说明身体的感觉，但在试图理解自己的感受时，考虑自己的能量水平是有帮助的。

让我们来分析一下高能量和低能量的含义。高能量是指我们想要活动身体的时候；低能量是我们不想动的时候。假设你的身体感到紧张、烦躁和不安，这些都是高能量的感觉。根据罗素（Russell）的模型，这可能意味着你感到兴奋、喜悦、惊讶、愤怒、恐惧或惊慌。但因为你也考虑了情境，想到你是在查看大学录取邮件，所以你确定自己很兴奋。与此相反，假设你觉得自己无法离开沙发，身体感到沉重，就连站起来做某事的想法都觉得太累。这些低能量的感觉可能意味着你感到愉悦、满足、放松、平静、抑郁、无聊或疲倦。如果你还考虑到你正长时间无意识地刷手机，并从经验中知道这种活动会消耗能量，你就能确定你很无聊。

另一方面，有时我们的情绪、想法和环境会直接影响我们的身体，我们体验到的感觉是其中一种或多种事物的直接结果（Yarwood 2022）。也许，你正在坠入爱河，每当你看到自己的新恋人时，整个身体都会立刻感到轻盈和刺激。或者，你对即将到来的项目充满了各种担忧，很快你就会注意到肩膀紧张，胃不舒服。也许，你走进最喜欢的音乐家的演唱会现场，而你已经期待了几个月了，你注意到心跳得很快，膝盖在颤抖，你觉得很热。在见到心爱之人、产生忧虑或进入演唱会现场之前，这些身体感觉都不会出现。是这些感觉、想法和环境造就了它们。

身体感觉是可以帮助你更好地了解自己的一种方法，但不是唯一的方法。把它看作是数据点，你在收集数据，这些数据将被整合在一起，形成一幅完整的情况。就像你上面看到的那样，其他数据点包括情境或背景。另一个要考虑的数据点是你的想法。你已经对自己的想法有了自我觉察，并且有能力识别你的自我对话，以及它何时影响你的感觉和行为。当你考虑所有的数据时，你可能可以更好地理解身体感觉和你自己。

当你把所有数据点放在一起的时候是什么样子的？请拿起笔记本，记下你注意到的东西或你在做这件事时突然想到的任何想法。

- 快速扫描一下你的身体，注意你此刻体验到的身体感觉是什么？

- 注意强烈的感觉。例如，如果你给每一种感觉打分，1～10 分，1 分意味着你几乎没有注意到它，10 分意味着你无法停止思考它，那么聚焦于 7 分及以上的感受，忽略 6 分及以下的感受。
- 针对评分 7 分及以上的感受，基于它们在你身体中的位置，它们可能与哪些情绪有关？这些感受是高能量的还是低能量的？这些感受对你来说意味着什么？
- 思考你目前的情境和背景。你能找到哪些线索来帮助你将身体感觉与情绪联系起来？你目前的情况会影响身体感觉吗？或者身体感觉会改变你对当前情境的理解吗？
- 注意你的想法。如果需要的话，清空大脑。（还记得这个吗？我们在"基础技能 1"中已经讲过了。）你脑子里在想什么？它们是积极的、消极的还是中性的？它们是如何影响身体感觉的？而身体感觉又会如何改变你的想法？
- 当你综合考虑以上所有因素时，它们是如何被组合在一起的？你的身体想告诉你什么？你当前的想法、感觉和情况是如何影响身体感受的？

避免过度思考身体感觉

有时人们会对身体的感觉过于敏感，并将每一个感觉都解读为有意义的东西，而事实并非如此。并不是每一种身体感觉都与我们的心理状态有关。我们的身体时刻在运作，有时这样的运作会产生一些感觉。而这些感觉与我们的情绪、想法或情境完全无关。你可能想知道，对经历的每一丝感觉都保持高敏感会有什么害处。答案是，当我们过于关注内心世界时，无论是身体的感觉、情绪还是想法，我们就会错过外部世界。我们错过了体验和人际关系，错过了参与生活的机会。

你怎么知道自己属不属于这种情况？你怎么知道是否过度关注身体感觉？请思考以下问题：

- 你是否发现自己经常觉察到自己的身体感觉？

- 你是否经常遇到一些轻微或不明确的健康问题，比如轻微的胃痛或头痛、身体酸痛或肌肉疼痛？
- 是否有人向你指出你经常抱怨身体疼痛吗？
- 你是否发现自己因为未经诊断的身体不适而错过了许多事情？

如果你发现自己对上述许多问题的回答都是肯定的，那么好消息是你与你的身体协调一致。你很容易感觉到身体的感觉，这很好！不太好的消息是，你可能太重视这些身体感觉了，让它们对你有太多的影响。还记得我之前提到的，我们希望将身体感觉作为数据点来利用吗？这么说吧，你可能将感觉作为完整的画面，而不仅仅是构成画面的其中一点。你应该赋予身体感觉与其他数据点（如感受、想法和情境）同等的价值。不要让你的身体感觉比任何其他数据点都更重要。

通过前文的阅读，你明白：人们如何看待自己的身体感觉可以决定其情感体验。如果你是那种注意内心发生一切的人，你可能会发现自己的情绪更难忍受。让我们考虑一下这个问题。假设你在准备一天的工作时感到疲劳、精力不足、头痛，你把这些身体上的感觉解释为你抑郁了。现在你开始有消极的想法，如"*今天会很艰难，我没有动力，有很多事情要做*"。你的抑郁感觉更重了，更难控制了，所以你决定打电话请病假，回到床上。身体感觉决定了你的感受，因为你太专注于这些感觉，而感觉很难控制情绪。

知道什么时候关注身体感觉，什么时候忽略它们，可能是很棘手；但就像其他事情一样，这是一个学习的过程。当你学习如何调整自己的身体时，练习放弃那些不能提供太多价值的感觉。回想一下之前的练习，你给感觉打分，然后必须放弃 6 分或以下的感觉。把它作为你的练习，这样你就不会把注意力集中在较小的感觉上。如果你想不起来如何放手，回到"基础技能 5"复习和练习。如果你发现你对每一种身体感觉的评分都很高，而且大多数感觉对你来说都很难忍受，那就从最容易忍受的那一种开始。练习放下这种感觉，这样你仍然可以参与到日常生活中去，继续练习，直到它不再妨碍你做计划要做的事情。一旦你注意到进步，就转移到下一个最容易忍受的感觉上，做同样的练习。在这个过程中，要对自己要有耐心，要知道随着时间的推移，情况会越来越好。

我最喜欢在大脑中玩的一个戏法，就是把焦虑变成兴奋。这比听起来更容易、更简单。事实上，你可能会读到下面的描述，认为它行不通，但我向你保证，它行得通！根据罗素的模型，兴奋和恐惧都是高能量情绪（Russell 1980）。焦虑属于恐惧的范畴，因此我们可以推断，焦虑也是一种高能量情绪。考虑一下你在兴奋时所体验到的身体感觉，我们大多数人可能会列出心跳加速、紧张和坐立不安。你还能补充点别的吗？也许是胃有点翻腾？现在考虑一下你焦虑时的身体感觉。你可能会说心跳加速、紧张、坐立不安及胃里翻腾。看起来熟悉吗？对大多数人来说，这两种情绪的感觉非常相似，所以我们可以利用这一点来帮自己获益。

下次你注意到上面的身体感觉时，立即告诉自己，"我很兴奋"（无论当前是什么情况或情境创造了这种感觉）！不要允许大脑考虑这可能是一种焦虑——只要专注于兴奋感！

接下来，把注意力聚焦在所有让你兴奋的事情上。你在期待什么？这种情况有什么好处？什么事情会顺利进行并对你有利？

就是这样！你只需要做到这些，不要把它弄得太复杂。下面是一个实际应用的场景。你第一次去参加艺术社团会议，在那里你可能一个人都不认识。当进入大楼时，你注意到自己的心跳加速，胃里翻腾。你感到内心紧张不安，立刻告诉自己："我对这个新社团太兴奋了！我会使用陶轮和油画颜料，甚至还会尝试丝网印刷，我会学习新的艺术形式，并看到一些和我志趣相投的超酷艺术家！"

下次你感到身体焦虑的时候试试吧！把焦虑变成兴奋，看看它是如何改变你接下来的状态的。

应对缺乏动力

缺乏动力是指你没有意愿或欲望去做某事。它的身体表现是疲劳、冷漠和嗜睡。在应对感冒或流感等身体疾病时,我们更容易缺乏动力,因为我们很可能一直在床上或沙发上恢复,看了一个又一个节目,几乎不怎么活动。当感到沮丧、无聊或疲倦时,我们也更容易缺乏动力。(还记得之前提到的低能量负面情绪吗?)但是,如果我们不堪重负或困惑,不知道从何下手,或者如果我们很容易分心,发现自己总是被一个又一个新奇事物吸引,缺乏动力也会发生。不管是什么原因,让我们的身心愿意去做某事都是很难的。

打破缺乏动力循环的开始是迈出一步,然后一步接着一步地继续下去。而这最初的一步就是**去做**。不是去想要做什么,也不是计划如何去做,而是真正地站起来去做。一旦完成了第一步,就进入下一步。然后是下一步,再下一步,一直持续下去。

我那些缺乏动力的来访者通常想要一个神奇的解决方案,不需要离开沙发或卧室就能解决问题。他们期望有一种神奇的方法,让自己充满活力,精力充沛地起身行动,但我会对他们说同样的事情,现在也告诉你:**动力来源于行动,而非思考行动。**

我知道,这很令人沮丧。当你缺乏动力的时候,你最不想做的事情就是不得不去做某事!这听起来很不合理。我的意思是,当所有的问题是你没有任何动力去做任何事情的时候,你怎么能有动力去做某事呢?但这就是现实。动力来源于行动。它来自行动,而不是静止。这并不意味着要做惊天动地的大事,它可以非常小,也非常简单。它可以是洗澡,出去,打开一本书,关掉电视,整理学习区,打电话给朋友,煮一杯咖啡,穿上运动服,或者检索研究课题。请迈出第一步!一旦你迈出了第一步,就专注于接下来的一小步,然后去做;接着是下一小步,再下一小步;你继续前进,直到完成任务,一次一小步。

不过要小心!每当完成一步的时候,大脑可能会试图说服你放弃。你可能会听到一些消极的想法，比如它有多难，这项任务不是那么重要，或者再多看一集节目也没什么大不了。你此刻需要忽略掉这些消极的想法。不必费心把它们转变成积极的想法，你需要保存精力用于实际行动。直接忽略它们，或者想象它们进入你大脑的垃圾桶。过于关注它们只会阻碍你去做。

你可能遇到的另一个障碍是制订的步骤太大或过于令人畏惧，这会让你重新回到沙发上。如果你正试图找到写期末论文的动力，你的小步骤是写一个大纲，但你甚至还没有想出主题，当然你不会开始！这真的让人不知所措。谁能在还不知道自己要写什么的情况下写出大纲呢？这些步骤是为你的成功而不是失败做准备的。所以，如果你的步子没有让你动起来，那就是步子太大了。请确保你的步子小。当我说"小"的时候，想象婴儿学步。想想，**我现在能做的最微小的事情是什么，它是否能让我朝着完成任务的方向前进？** 没有哪一步是微不足道的！

想一个你必须经常做的家务或任务，但是当你要去做的时候却缺乏动力。也许是洗衣服或准备饭菜，也许是你必须为经济学课写的周记。或者，也许是你知道自己应该为了改善身心健康而每天锻炼。请拿起你的笔记本，完成以下步骤：

- 找出一项缺乏动力的任务，并把它记录下来。
- 把你的计时器设置为 3 分钟，头脑风暴所有完成这个任务可能需要的步骤。你不用担心步骤的大小，甚至不用考虑步骤的顺序。你现在所做的就是头脑风暴，直到计时器响起。
- 用另一张纸来组织你的头脑风暴清单。是否有一些步骤看起来太大、太难以完成？把它们分解成更小的步骤。
- 从你需要做的第一个到最后一个，把你的步骤按顺序排列。

现在你有了一个计划。当需要完成这项任务的时候，你将确切知道按什么顺序采取哪些步骤。你所要做的就是按照你的清单去做，当要做这件事的时候，把它放在你能看到的地方。

好了,你已经坚持到了最后!现在你对自己的身体感觉和它们的含义有了更好的理解。你也学会了如何不要过度关注它们,以免它们消耗你。你学会了如何将焦虑转化为兴奋,以及如何处理动力不足。你获得了一些很棒的技能,我的朋友。准备好读最后一部分了吗?我们要把所有的内容放在一起,进行总结。在接下来的"检查一下"后,我们在那里见。

"检查一下"你的目标

请拿出笔记本,看看你的目标清单。考虑到你的每一个目标,反思并回答这些问题:

- 我现在在实现我的目标方面做得怎么样了?
- 我是如何回避实现我的目标的?
- 是什么阻碍了我?
- 是什么拖慢了我的进度?
- 我目前最浪费时间的事情是什么?我怎样才能减少花在这些事情上的时间?
- 我怎样才能保持进步?
- 我该怎么做才能回到正轨?
- 我需要做什么改变?
- 我遇到的困难是什么?

蜕变与成长

哇，这真是一段不可思议的旅程！你花了很多时间去学习、成长和发展。你全身心投入于本书的内容并付出了努力。恭喜你！我希望你为自己感到骄傲。尽管我可能不认识你，但我为你感到骄傲。我知道有多少其他事情在吸引着你的注意力，外界有多少干扰，以及我们多么容易说服自己努力工作是在浪费时间。尽管如此，你还是坚持了下来。你知道这告诉我什么吗？我现在知道，只要你下定决心，你就能完成任何事情。你可以实现目标，你的人生将会成就大事。我很高兴你把本书作为你人生旅程的一部分。我希望你能通过网站（https://www.destinationyou.net/connect）联系我，分享你正在做的事情，我很乐意和你一同成长。

但我不想误导你。我不希望你认为未来的一切都只有美好。我们仍有工作要做，仍有成长的空间，仍有发展的机会。情商并不是一项你掌握了就万事大吉的技能。这是你在余生中需要不断努力的事情（希望如此）！虽然你通过阅读本书和做练习，学到了很多东西，但你仍然会面临挑战。你会发现自己处在不确定自己的感觉和想法的感受下。有时，你会不知道如何调节自己的情绪，觉得自己失控了；有时，你可能会发现自己不确定如何找到和实现对你真正有意义的目标。这些事情都是意料之中的，是正常的，常常会发生。不要因为这些就觉得你失败了或做错了什么。

在最后一部分，我们将花时间来探讨如何应对感受和想法的不确定性，当情绪失控时该怎么做，以及如何通过重拾价值观，让你的目标对你有意义。但在此之前，让我们来看看一个你将要熟悉运用的工具，因为它会帮助你应对不确定性和失控的情绪——自我同情。当我们对自己的不足或失败采取不批判的立场时，我们就是在展现自我同情。换句话说，就是从中立或积极的角度看待我们的不安。我们不批评自己或消极地看待自己；相反，我们表现得善良或善解人意。你很快就会有机会练习自我同情，但首先，让我们看看它是什么样的。

奥黛丽是一名高中生，她一直在努力提高自己的情商。与一年前相比，她现在的自我觉察更强，越来越擅长调节自己的情绪。她也在实现自己的目标上投入了大量的精力，从设定有意义的目标，到规划达成目标所需要采取的每一步行动。当她发现自己无法决定上哪所大学时，她对自己的不确定感到惊讶。她想：我一年以来一直在为我的目标而努力呀！我想进入我梦想中的大学！为什么我现在如此不确定，这是否真的适合我呢？因为奥黛丽最近学会了自我同情，她很快意识到她的想法对自己并不是很有同情心，而这让她感觉更糟。她问自己，如果好朋友遇到了同样的情况，她会对最好的朋友说什么。她改变了她的想法：现在有这种感觉也没关系。我还有时间去弄清楚，无论我做了什么选择，目前来说都是正确的选择。她可以用更多的善意来看待这种情况。现在她感觉平静多了。她决定和高中辅导员和潜水教练见面，看看她的选项，听听他们的观点。她立即用手机给他们发信息，然后告诉自己是时候专注于其他的事情了。她拿起狗狗的牵引绳，呼唤它一起出去散步。她知道，看到狗狗的兴奋和在附近公园散步，都会让她的思绪远离选择大学的事情，让她回到当下的美好时光。

奥黛丽很容易因为自己的优柔寡断而感到沮丧，以至于整个人陷入低落之中。她可能会专注于自己的不确定感上，把它视为对大学目标的消极反应。她也可能因自我贬低，以至于看不到任何选择，无法后退一步，也无法解决问题。相反，她练习自我同情，从一个更平和的角度看待问题。这让她看到，有人可以带领她做出这个决定。一旦她记起自己还有选择的余地，她就能继续做别的事情了。

这个练习是基于克里斯廷·内夫（Kristin Neff）博士 2023 年的研究成果，她是一位自我同情的首席研究员。

- **留意你的自我批判**：当一直关注自己的想法时，你可能已经注意到你对自己有多苛刻。你可能会发现自己对自己的评论是你永远不会对别人说的话。为了练习自我同情，你需要继续注意这些类型的想法。如果我们不注意它们，我们就无法改变它们。

- **改变自我批判的想法**：既然你对自我批评的想法有了更多的认识，你就需要改变它们。就像改变任何想法一样，你需要把它变成更有用的东西。它不需要过于积极（除非你真的相信），而只需要改变为不那么苛责、带有更多理解的新版本。
- **问问自己，你会对与你处境相同的朋友说些什么**：如果你很难想出不那么批判性的想法，想象一下处在你处境的朋友，你会对那位朋友说什么？你会说什么样的善意、支持和有用的话来帮助他们渡过难关？现在把这些想法应用到你自己身上。

应对不确定性

你会发现，有时候你就是弄不清楚自己的感受或想法。这是可以预见的。有时候，一堆感受和想法会于脑海里混在一起，不管我们怎么努力，都无法将它们分开。我们不确定下一步该做什么，因为我们甚至不知道自己一开始想要什么。这种情况会出现，事实上，你应该预见到它！不确定并不意味着你"失败了"，也不意味着你没有从本书中学到任何东西。这只意味着你是人——祝贺你！

在应对不确定性时，从自我同情开始。在精神上和情感上打击自己，不会让事情变得更好，实际上只会让事情变得更糟，所以提醒自己这些经历是正常的。虽然它们会让人沮丧，但最终事情会变得更清晰。你可以使用上面的自我同情练习来减少自我批评，并像对待朋友一样对自己说话。把注意力集中在支持性的、有帮助的、善意的想法上，如"我会挺过去的""我现在有这种感觉没关系"或者"我不可能一直都知道所有的事情"。这些想法不仅是自我同情，而且是真实的！如果需要的话，把它们写下来，这样当那些不确定的感觉悄悄占据你的时候，你就可以随时参考这些想法了。

在你成为对自己富有同情心的朋友后，花些时间远离这个情境。抽离出来并专注于其他事情上，这会给大脑一个重置的机会。这听起来可能很奇怪，但大脑在我们甚至没有意识到的情况下做了很多"幕后"工作。也许你可以回想一下，当你被一个问题或情况卡住了，在不确定的情况下放弃，然后去做别的事情。也许你晚上睡觉了，或者和朋友出去玩了。但无论在做什么，你暂时都没有把注意力集中在你的问题或情况上。然后，当你回头看的时候，你清楚地看到了正确的道路就在你面前。一切都变得明朗起来，它是如此显而易见，以至于你真的很疑惑自己怎么会在一开始就错过了它。这是因为当你忙于睡觉或与朋友聚会时，大脑正在进行一些认真的编辑和连接。而所有这些编辑和连接都能让问题得到解决，让不确定性得到消除。

但也许当你抽离出来时，大脑也不能解决不确定性或问题。即使在自我同情和重置之后，你的问题也许仍然存在。是时候拿起你的笔记本，做一次清空大脑了。如果你不记得如何清空大脑，可以重温"基础技能1"来复习一下。当你需要把你所有不同的想法和感受发泄出来时，清空大脑是很有帮助的。只要记住，目的不是写一篇大学论文，所以不要担心语法、标点或错别字。你把大脑里的东西都倾倒在纸上了，不做任何修改，它可能看起来很不好，但没关系。在这里做清空大脑的目的是，给自己一个机会来整理你的想法和感受，而不受打断或评判。你可能会对自己倾倒出的内容感到惊讶。

最后，如果自我同情、重置和清空大脑都不能让你感到明了，那么是时候适应这种不确定的感觉了。有时候，我们的想法、感受或问题不能马上被整理出来。它们可能需要时间和无数次的自我同情，大量的重置和每天的清空大脑。在你需要的这段时间里，允许自己感受不确定性，注意到身体的哪个部位有这种感觉，然后顺其自然。把它想象成一个决定延长停留时间的房客。你必须学会容忍这个人，因为他在你的浴室里用你的牙膏，坐下来和你一起吃饭，在你看最喜欢的节目时要求换台。你可能想发火，但要意识到，允许他们做他们的事，而你继续做你的事会更容易。

失控的情绪

情商包括对情绪的觉察和对强烈情绪的自我调节；然而，你很可能仍然会有感觉完全失控的时候。当感觉如此强烈，以至于你不知道是否能恢复过来。你可能会发现自己处于一种非常失调的状态，你无法停止哭泣，大喊大叫，扔东西，或做出在经历巨大情感波动时的其他行为。但是，请记住，你是正常的。你没有破碎，这并不意味着你没有希望。这只意味着这是一个可以成长的领域。如果你发现自己处于一种失控的情绪状态，可以做以下的事情：

- **放慢你的呼吸**：当我们陷入困境时，呼吸会首先加快，它会触发我们其他的身体反应，比如燥热、出汗，以及产生逃跑、对抗或逃避的冲动。要终止这一过程，就要从呼吸开始。集中精力放慢呼吸速度，在吸气和呼气的时候数数，试着让每一次呼吸都长一点，直到你感觉呼吸正常。
- **专注于你的感官**：把你所有的注意力和意识放在你能听到、看到、触摸到、闻到及尝到的东西上。要具体识别这些事物，我最喜欢的方法是列出 5 种我能听到的东西，4 种我能看到的东西，3 种我能摸到的东西，2 种我能闻到的东西，还有 1 种我能尝到的东西。
- **重复一个让你平静的座右铭**：座右铭是一种我们可以对自己说的快速而简单的话，它会让我们感到平和、平静。如果你提前创造一个座右铭，可以在痛苦时使用，会很有帮助。我有一些来访者把他们的座右铭写在便利贴上，放在他们认为可能需要的地方。但如果你是在压力大的时候写的，那就写得简短、可行就行了，如"我会挺过来的"或者"我以前也经历过困难，我现在也能挺过去"。

请记住，当你在情绪高涨但尚未失控时，越多练习这些步骤，那么当情绪真的失控时，你就越容易做到。如果你发现自己一直在与失控的情绪作斗争，那么很有可能你需要更多地练习这些步骤。

有意义的目标

让我们来谈谈如何保持你的目标，这样你就可以继续朝着与你的价值观一致的事情努力。有意义的目标是那些与你的未来或生活相匹配的目标，这些目标让你感到兴奋。它们是即使做起来很困难和无聊，你也会愿意坚持的目标，因为你知道它们会把你带到哪里。有意义的目标是你创造的，并有动力去实现的目标。

尽管一个目标是有意义的，并不意味着你每天早上都会满怀热情，兴奋地从床上一跃而起去工作。你会有很多日子感到单调和重复，甚至挣扎着去完成最基本的事情。想想一个为奥运会训练的游泳运动员。你觉得他们喜欢每天早上起得特别早吗？还是说他们对一圈又一圈地游，一游就是几个小时充满动力？绝对不是。他们厌倦了不断的训练，厌倦了早起，厌倦了日复一日地做同样的事情。

总的来说，有意义的目标会让你兴奋，也就是说目标中的远大愿景会是激励你继续前进的动力。而实现目标的步骤，也就是那些为了最终实现远大愿景而必须做的日常工作，可能会让你感到重复和无聊。游泳运动员很可能被参加奥运会的目标所激励，并不断地做着关于这个目标的梦。事实上，这可能就是他们从晚上8点上床睡觉到第二天凌晨4点起床的动力。正是这种动力，驱使他们努力练习划水和翻转转身，促使他们完善从起跳台出发的动作；这也是让他们每天都坚持不懈、一遍又一遍地练习同样动作的动力。他们知道，随着时间的推移，这些小事情积少成多，将帮助他们实现更远大的目标。

这对你来说意味着什么？你会想要经常检查你的目标，就像你在"检查一下"中做的那样，过一会儿再做一次目标反思。这个检查过程将确保你有目的地朝着某个目标努力。你还需要运用你的情绪觉察技能，评估你对目标的感受。情绪觉察将是你的向导，确保你的大目标是你真正想做的事情。你的计划安排上布满了日常琐事，虽然这些事情可能不会让你感到兴奋，但如果知道它们与你的大目标是一致的，你就能坚持下去。

寻求心理治疗师或教练

也许，所有这些个人成长和觉察让你渴望更多。或者，当一直在做一些事情的时候，你意识到有些地方需要进一步的帮助。如果是这样，你可能需要考虑单独与心理治疗师或教练一起工作。心理治疗师或教练可以帮助你在已开始的基础上进一步提升技能，教你新的策略，并以多种方式促进你的个人成长。让我们来谈谈心理治疗和教练之间的区别，然后找到一些适合你的方法。

美国心理学会（American Psychological Association, APA）将治疗定义为"由受过训练的专业人员提供的任何心理服务，主要通过各种沟通和互动的形式来评估、诊断和治疗功能失调的情绪反应、思维方式和行为模式"[《心理学词典》（第3版）："治疗"词条]。心理治疗的形式多种多样，有些治疗师专门从事某一特定领域的治疗。例如，一位治疗师可能专门帮助患有焦虑症的青少年，而另一位治疗师可能只与被诊断为注意缺陷多动障碍（attention-deficit/hyperactivity disorder, ADHD）的大学生合作。简单的搜索和一点研究会让你了解那些治疗师擅长什么，这样你就能判断他们是否适合你。

APA将教练定义为"提供专门的指导和培训，使个人能够获得或提高特定的技能，如执行教练或生活教练，或者提高表现，如运动教练或学术教练"[《心理学词典》（第3版）："教练"词条]。教练不太关注功能失调的情绪反应、思维模式或行为；相反，他们专注于建立你已经拥有的优势。它们也可能有助于你设定目标和实现目标。像治疗师一样，教练通常有不同的专业领域。一个教练可能专门帮助高中运动员表现更好，获得大学奖学金；而另一个教练可能专注于帮助年轻人从与父母住在一起过渡到独立生活。

如果你不确定治疗师或教练是否适合你,那就做一些进一步的探索。大多数治疗师和教练都提供免费咨询,你可以通过电话聊天或视频通话。有些可能会希望你的父母在场,有些可能不希望。他们会询问你想解决的问题,以及一些你的背景信息,解释他们的工作内容,并讨论你们可能如何工作。

你不需要在电话里就做决定,可以花点时间好好想想。你甚至可以安排几次免费咨询,与不同的治疗师和教练见面,直到你找到最适合你的。

"检查一下"你的目标

你做到了!你读完了本书,也完成了自己的目标。好吧,也许你并没有完全完成你的目标清单,所以让我们看看我们是否能找出原因。拿起你的目标清单,反思并回答这些问题:

- 你是否在设定和实现目标上付出了努力,还是你没有认真对待并放弃了?
- 你将来会做些什么不同的事情?
- 你完成了哪些目标,改变了哪些目标,又有哪些目标没完成?
- 你设定的目标是否过大或过小?
- 你的目标是否符合你的感受和价值观,还是你认为别人希望你实现的目标?
- 你是否成功地避开了那些阻碍你前进的人或活动?
- 是什么阻碍了你,为什么?
- 对于每一个目标,你对自己现在所处的位置感受如何?

仅仅因为你读完了这本书,并不意味着你必须结束你的目标设定和达成目标。只要你愿意为新目标努力,你可以随时回顾目标设定的部分、"检查一下"和目标反思环节。你可能已经发现,你现在对目标设定和实现有了更好的理解,所以你想从头开始。或者,也许你在本书中已经实现了很多目标,所以你准备好迎接新的目标了。当我们达到目标时,随着时间的推移,随着我们达成目标及自身的变化,我们的目标也会随之调整和变化。只需使用本书中的工具来帮助你设定与你真实感受相契合的目标,并遵循"检查一下"保持在正轨上,你就会做得非常出色。

在一生中,你有很多重要的事情要做,我迫不及待地想看到你所取得的成就。

这不是再见

尽管我们在一起的时间已经走到了尽头,但这并不是再见。你将在很长一段时间内继续学习这些技能(我也是!),我们的道路可能会再次交汇。我们可能会在社交媒体上,在另一本书中遇到对方,或者你甚至可能决定通过网站(https://www.destinationyou.net/connect)联系我。

无论我们是否再次相遇,请知道我永远支持你。我会在世界的一隅为你加油,深知你拥有一切潜能。你能行的!

情绪轮盘

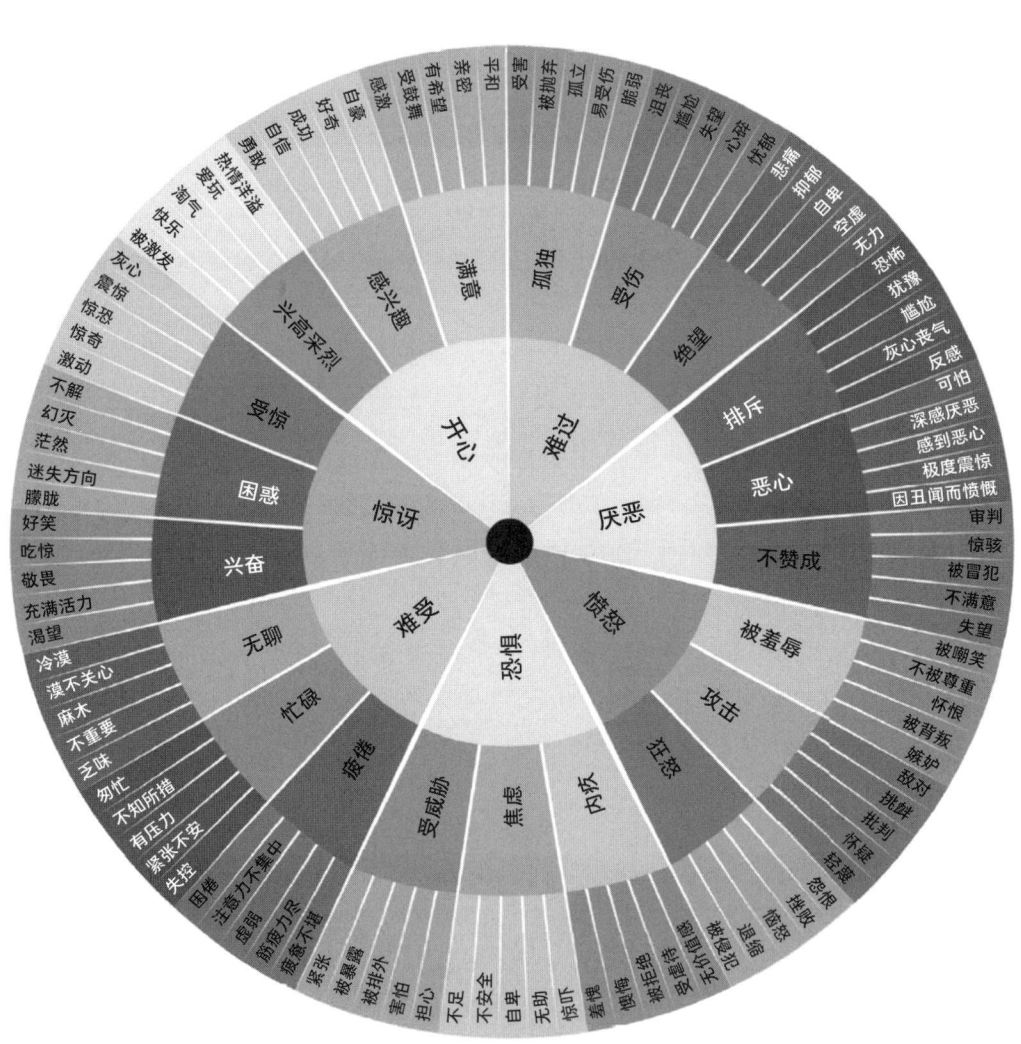

参考文献

[1] Armstrong, A. R., R. F. Galligan, and C. Critchley. 2011. "Emotional Intelligence and Psychological Resilience to Negative Life Events." *Personality and Individual Differences* 51: 331–336.

[2] Aubrey, A. 2019. "Anger Can Be Contagious—Here's How to Stop the Spread." *NPR Morning Edition*, February 19. https://www.npr.org/sections/health-shots/2019/02/25/697052006/anger-can-be-contagious-heres-how-to-stop-the-spread.

[3] Barlow, D. H., T. J. Farchione, S. Sauer-Zavala, H. M. Latin, K. K. Ellard, J. R. Bullis, et al. 2017. *Unified Protocol for Transdiagnostic Treatment of Emotional Disorders: Therapist Guide*. 2nd ed. New York: Oxford University Press.

[4] Buckingham, M. 2022. *Love and Work: How to Find What You Love, Love What You Do, and Do It for the Rest of Your Life*. Boston: Harvard Business Review Press.

[5] Casey, B., S. Duhoux, and M. M. Cohen. 2010. "Adolescence: What Do Transmission, Transition, and Translation Have to Do with It?" *Neuron* 67: 749–760.

[6] Clear, J. 2018. *Atomic Habits: An Easy and Proven Way to Build Good Habits and Break Bad Ones*. New York: Avery Publishing.

[7] De Berardis, D., M. Fornaro, L. Orsolini, A. Ventriglio, F. Vellante, and M. Di Giannantonio. 2020. "Emotional Dysregulation in Adolescents: Implications for the Development of Severe Psychiatric Disorders, Substance Abuse, and Suicidal Ideation and Behaviors." *Brain Sciences* 10: 591.

[8] Ekman, R., J. Giota, A. Eriksson, B. Thomas, and F. Bååthe. 2021. "A Flourishing Brain in the 21st Century: A Scoping Review of the Impact of Developing Good Habits for Mind, Brain, Well-Being, and Learning." *Mind, Brain, and Education* 16: 13–23.

[9] Emmons, R. A. 2013. *Gratitude Works!: A 21-Day Program for Creating Emotional Prosperity*. San Francisco: Jossey-Bass.

[10] Fernández-Berrocal, P., R. Alcaide, N. Extremera, and D. Pizarro. 2006. "The Role of Emotional Intelligence in Anxiety and Depression Among Adolescents." *Individual Differences Research* 4: 16–27.

[11] Gillam, T. 2018. "Enhancing Public Mental Health and Wellbeing Through Creative Arts Participation." *Journal of Public Mental Health* 17(4): 148–156.

[12] Hardy, J., and N. Zourbanos. 2016. "Self-Talk in Sport: Where Are We Now?" In *Routledge International Handbook of Sport Psychology*, 1st ed., edited by R. Schinke, K. R. McGannon, and B. Smith. London: Routledge.

[13] Koelsch, S. 2018. "Investigating the Neural Encoding of Emotion with Music." *Neuron* 98(6): 1075–1079.

[14] Laube, C., W. van den Bos, and Y. Fandakova. 2020. "The Relationship Between Pubertal Hormones and Brain Plasticity: Implications for Cognitive Training in Adolescence." *Developmental Cognitive Neuroscience* 42: 100753.

[15] Littlefield, C. 2020. "Use Gratitude to Counter Stress and Uncertainty." *Harvard Business Review*, October 20. https://hbr.org/2020/10/use-gratitude-to-counter-stress-and-uncertainty.

[16] Neff, K. 2023. "Exercise 5: Changing Your Critical Self-Talk." *Self-Compassion*. https://self-compassion.org/exercise-5-changing-critical-self-talk.

[17] Nummenmaa, L., E. Glerean, R. Hari, and J. K. Hietanen. 2013. "Bodily Maps of Emotions." *Proceedings of the National Academy of Sciences* 111(2): 646–651.

[18] Nummenmaa, L., R. Hari, J. K. Hietanen, and E. Glerean. 2018. "Maps of Subjective Feelings." *Proceedings of the National Academy of Sciences* 115(37): 9198–9203.

[19] Parlamis, J. D. 2012. "Venting as Emotion Regulation: The Influence of Venting Responses and Respondent Identity on Anger and Emotional Tone." *International Journal of Conflict Management* 23(1): 77–96.

[20] Pittman, C. M., and E. M. Karle. 2015. *Rewire Your Anxious Brain: How to Use the Neuroscience of Fear to End Anxiety, Panic, and Worry*. Oakland, CA: New Harbinger Publications.

[21] Rideout, V., A. Peebles, S. Mann, and M. B. Robb. 2022. *Common Sense Census: Media Use by Tweens and Teens, 2021*. San Francisco: Common Sense. https://www.commonsensemedia.org/sites/default/files/research/report/8-18-census-integrated-report-final-web_0.pdf.

[22] Russell, J. A. 1980. "A Circumplex Model of Affect." *Journal of Personality and Social Psychology* 39(6): 1161–1178.

[23] Salovey, P., A. Woolery, L. Stroud, and E. Epel. 2002. "Perceived Emotional Intelligence, Stress Reactivity, and Symptom Reports: Further Explorations Using the Trait Meta-Mood Scale." *Psychology and Health* 17(5): 611–627.

[24] Santos-Rosa, F. J., C. Montero-Carretero, L. A. Gómez-Landero, M. Torregrossa, and E. Cervelló. 2022. "Positive and Negative Spontaneous Self-Talk and Performance in Gymnastics: The Role of Contextual, Personal and Situational Factors." *PLoS One* 17(3): e0265809.

[25] Staras, K., H.-S. Chang, and M. P. Gilbey. 2001. "Resetting of Sympathetic Rhythm by Somatic Afferents Causes Post-Reflex Coordination of Sympathetic Activity in Rat." *Journal of Physiology* 533(2): 537–545.

[26]　Suttie, J. 2021. "Does Venting Your Feelings Actually Help?" *Greater Good Magazine*, June 21. https://greatergood.berkeley.edu/article/item/does_venting_your_feelings_actually_help.

[27]　Tseng, J., and J. Poppenk. 2020. "Brain Meta-State Transitions Demarcate Thoughts Across Task Contexts Exposing the Mental Noise of Trait Neuroticism." *Nature Communications* 11: 3480.

[28]　Weir, K. 2020. "Nurtured by Nature." *American Psychological Association Monitor on Psychology* 51(3): 50.

[29]　Willcox, G. 1982. "The Feeling Wheel: A Tool for Expanding Awareness of Emotions and Increasing Spontaneity and Intimacy." *Transactional Analysis Journal* 12(4): 274–276.

[30]　Yarwood, M. 2022. *Psychology of Human Emotion: An Open Access Textbook*. Pressbooks, Pennsylvania State University. https://psu.pb.unizin.org/psych425/chapter/circumplex- models.

[31]　Young K. S., C. F. Sandman, and M. G. Craske. 2019. "Positive and Negative Emotion Regulation in Adolescence: Links to Anxiety and Depression." *Brain Science* 9(4): 76.